できる®

Copilot
コパイロット

in Windows
イン ウィンドウズ

Windows 11/10 対応

清水理史 & できるシリーズ編集部

インプレス

ご購入・ご利用の前に必ずお読みください

本書は、2024年2月現在の情報をもとに「Copilot」の操作方法について解説しています。本書の発行後に「Copilot」の機能や操作方法、画面などが変更された場合、本書の掲載内容通りに操作できなくなる可能性があります。本書発行後の情報については、弊社のWebページ（https://book.impress.co.jp/）などで可能な限りお知らせいたしますが、すべての情報の即時掲載ならびに、確実な解決をお約束することはできかねます。また本書の運用により生じる、直接的、または間接的な損害について、著者ならびに弊社では一切の責任を負いかねます。あらかじめご理解、ご了承ください。
本書で紹介している内容のご質問につきましては、巻末をご参照のうえ、メールまたは封書にてお問い合わせください。ただし、本書の発行後に発生した利用手順やサービスの変更に関しては、お答えしかねる場合があります。また、本書の奥付に記載されている初版発行日から1年が経過した場合、もしくは解説する製品やサービスの提供会社がサポートを終了した場合にも、ご質問にお答えしかねる場合があります。あらかじめご了承ください。

動画について

操作を確認できる動画をYouTube動画で参照できます。画面の動きがそのまま見られるので、より理解が深まります。QRが読めるスマートフォンなどからはレッスンタイトル横にあるQRを読むことで直接動画を見ることができます。パソコンなどQRが読めない場合は、以下の動画一覧ページからご覧ください。

▼動画一覧ページ
https://dekiru.net/copilot

無料電子版について

本書の購入特典として、気軽に持ち歩ける電子書籍版（PDF）を以下の書籍情報ページからダウンロードできます。PDF閲覧ソフトを使えば、キーワードから知りたい情報をすぐに探せます。

▼書籍情報ページ
https://book.impress.co.jp/books/1123101137

練習用ファイル

本書では、レッスンで入力しているプロンプトを収録した無料の練習用ファイルを用意しています。以下のページにある［ダウンロード］からファイルをダウンロードいただけます。練習用ファイルは章ごとにフォルダーを分けており、ファイル先頭の「L」に続く数字がレッスン番号です。

▼練習用ファイルのダウンロードページ
https://book.impress.co.jp/books/1123101137

●用語の使い方

本文中では、「Microsoft Windows 11」のことを「Windows 11」または「Windows」、「Microsoft Windows 10」のことを「Windows 10」または「Windows」、「Copilot in Windows」のことを「Copilot in Windows」または「Copilot」、「Copilot Pro」のことを「Copilot Pro」または「Copilot」と記述しています。また、本文中で使用している用語は、基本的に実際の画面に表示される名称に則っています。

●本書の前提

本書では、「Windows 11（23H2）」がインストールされているパソコンで、インターネットに常時接続されている環境を前提に画面を再現しています。また、第6章は「Copilot Pro」のライセンスを購入し、「Windows 11」に「Microsoft 365 Personal」がインストールされているパソコンを前提にしています。Copilotは本書に記載されている質問を入力しても、異なる回答や結果を生成することがあります。これはCopilotの特性によるものですので、ご了承ください。また、本書に掲載している回答例のテキストは、検証・編集・改訂した箇所が含まれます。

まえがき

生成AIは本当に役立つのか？　仕事にどう活用できるのか？　そう感じている人も少なくないのではないでしょうか？

本書は、このように生成AIに対して疑問を感じている人に、格段に進化した「今」の生成AIを体験してもらうことで、その価値を見直してもらいたいという意図で執筆した書籍です。

マイクロソフトが開発した生成AI「Copilot」をテーマに、前半の章ではパソコンのOSであるWindowsやインターネットを閲覧するためのブラウザであるMicrosoft Edgeから無料で活用する方法を紹介し、後半の章では有料版の「Copilot Pro」を使ってWordやOutlookなどのOfficeアプリからCopilotを活用する方法を紹介しています。

Copilotは何か？　どう操作すればいいのか？　といった基本的なことはもちろんのこと、具体的にどのような用途に使えば便利なのか？　どう質問すれば正確に回答するのか？　といったテクニック、さらにはビジネスシーンで役立つ数々の実例などを丁寧に解説しています。

生成AIは、もはや特別な存在ではなく、誰もが使える身近なパートナーとなりつつあります。一人でアイデアを練り、すべての作業をしなければならないのと、Copilotに作業を手伝ってもらえるのとでは、効率に大きな差が生まれるのは明らかです。

本書を手に取ることで、生成AIの価値を再認識するとともに、身近なパートナーとしての「Copilot」の魅力が少しでも伝われば幸いです。読者の皆さんの仕事や学習に役立つヒントがひとつでも見つかることを願っています。

2024年3月1日　清水理史

本書の読み方

レッスンタイトル

やりたいことや知りたいことが探せるタイトルが付いています。

サブタイトル

機能名やサービス名などで調べやすくなっています。

練習用ファイル

レッスンで使用する練習用ファイルの名前です。ダウンロード方法などは2ページをご参照ください。

YouTube動画で見る

パソコンやスマートフォンなどで視聴できる無料の動画です。詳しくは2ページをご参照ください。

関連情報

レッスンの操作内容を補足する要素を種類ごとに色分けして掲載しています。

使いこなしのヒント

操作を進める上で役に立つヒントを掲載しています。

ショートカットキー

キーの組み合わせだけで操作する方法を紹介しています。

時短ワザ

手順を短縮できる操作方法を紹介しています。

スキルアップ

一歩進んだテクニックを紹介しています。

用語解説

レッスンで覚えておきたい用語を解説しています。

ここに注意

間違えがちな操作について注意点を紹介しています。

レッスン

16 画像に写った外国語の意味を調べてみる

文字の解析

YouTube動画で見る 詳細は2ページへ

練習用ファイル L016_プロンプト.txt L016_文字の解析.jpg

活用編 第3章 調べものや情報整理に役立てる

Copilotは、言葉による会話だけでなく、画像について会話することもできるマルチモーダルモデルです。スマートフォンなどで撮影した写真をアップロードして、その内容について質問してみましょう。読めない外国語の意味なども解説してくれます。

キーワード

Image Creator	P.171
画像認識	P.172
マルチモーダル	P.172

1 画像をアップロードする

レッスン07を参考にCopilotを起動しておく

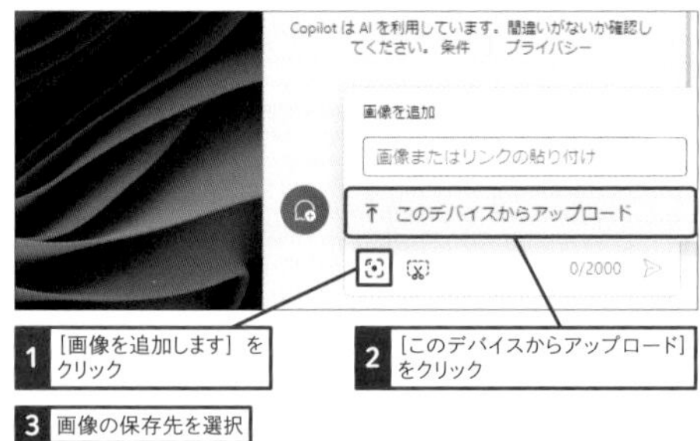

1 ［画像を追加します］をクリック

2 ［このデバイスからアップロード］をクリック

3 画像の保存先を選択

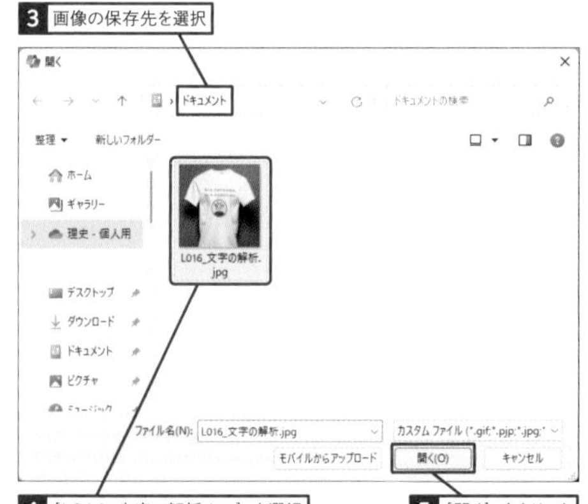

4 ［L016_文字の解析.jpg］を選択

5 ［開く］をクリック

使いこなしのヒント

商品に書かれている内容も質問できる

Copilotを利用すれば、商品やパッケージに書かれた内容についても質問できます。気になる商品に書かれた文字を確認してみましょう。海外で買ったお菓子の名前や宣伝文句を読み取ったり、成分表などを確認したりすることもできます。

調べたい商品の画像をアップロードして質問を送信する

58 できる

キーワード

レッスンで重要な用語の一覧です。巻末の用語集のページも掲載しています。

質問例

Copilotに入力する質問内容を掲載しています。

回答例

入力した質問に対して生成された回答の例を掲載しています。

2 文字の意味を日本語に翻訳してもらう

手順1を参考に画像をアップロードしておく

画像をアップロードされていることを確認して質問を送信する

何て書いてあるの？　日本語だとどうい う意味？

22/2000

質問例

なんて書いてあるの?　日本語だとどういう意味?

回答例

この画像には、ロシア語で「Что посеешь, то и пожнешь」と書かれた白いTシャツが写っています。日本語に訳すと、「まいた種は刈り取らなければならない」という意味です。英語では、「You reap what you sow」ということわざに相当します。この言葉は、自分の行いや努力に応じて報いがあるということを表しています。Tシャツの下には、緑色の植物が地面から芽を出している円形のロゴがあります。これは、種をまいて収穫するというイメージを表していると思われます。背景は灰色で、白いTシャツが際立っています。

ショートカットキー

Copilotの起動　⊞+C

時短ワザ

入力中に候補が表示される

質問として文章を途中まで入力すると、Copilotが学習したよくある質問の中から、文章の続きの候補が表示されます。Tab キーを押すと、自動的に候補を入力できます。

16 文字の解析

まとめ　言葉の壁を越えられる

Copilotは、2つの意味で言葉の壁を越えられるツールです。1つはマルチモーダルによって画像から文字を認識できるため、必ずしも言葉で質問しなくてもいいこと。もう1つは、日本語だけでなく、英語やロシア語、中国語など、さまざまな言語を扱えることです。Copilotで、いろいろなメディア、言葉を超えたコミュニケーションを体験してみましょう。

スキルアップ

言葉の真意も想定してくれる

Copilotは、言葉の意味（定義）だけでなく、その言葉が使われたシーンから文脈を理解して、その真意も想定してくれます。以下のように、シーンを細かく伝えることで、なぜその言葉が使われたのかを推測してくれます。

質問例

海外の友人が、私の誕生日にわざわざ贈ってくれたものです。彼はどういう意図で、私にこの言葉のTシャツを贈ったのでしょうか?

できる　59

※ここに掲載している紙面はイメージです。実際のレッスンページとは異なります。

操作手順

実際のパソコンの画面を撮影して、操作を丁寧に解説しています。

●手順見出し

1 画像をアップロードする

操作の内容ごとに見出しが付いています。目次で参照して探すことができます。

●操作説明

1 ［画像を追加します］をクリック

実際の操作を1つずつ説明しています。番号順に操作することで、一通りの手順を体験できます。

●解説

手順1を参考に画像をアップロードしておく

操作の前提や意味、操作結果について解説しています。

目次

本書の構成

本書は手順を1つずつ学べる「基本編」、便利な活用例をバリエーション豊かに揃えた「活用編」の2部で、Copilot in Windowsの基礎から応用まで無理なく身に付くように構成されています。

基本編
第1章～第2章

Copilot in Windowsの基礎知識や使い方を中心に解説します。知りたいことや開いているWebページについて質問する方法などのほか、回答の精度を上げるプロンプトのコツなどがわかります。

活用編
第3章～第6章

調べものや情報整理に役立てる方法や、資料作成を効率化するための使い方など、さまざまな活用例を解説しています。WordやPowerPointでCopilotが使える「Copilot Pro」についても解説しています。

用語集・索引

重要なキーワードを解説した用語集、知りたいことから調べられる索引などを収録。基本編、活用編と連動させることで、Copilot in Windowsについての理解がさらに深まります。

登場人物紹介

Copilot in Windowsを皆さんと一緒に学ぶ生徒と先生を紹介します。各章の冒頭にある「イントロダクション」、最後にある「この章のまとめ」で登場します。それぞれの章で学ぶ内容や、重要なポイントを説明していますので、ぜひご参照ください。

北島タクミ（きたじまたくみ）
元気が取り柄の若手社会人。うっかりミスが多いが、憎めない性格で周りの人がフォローしてくれる。好きな食べ物はカレーライス。

南マヤ（みなみまや）
タクミの同期。しっかり者で周囲の信頼も厚い。 タクミがミスをしたときは、おやつを条件にフォローする。好きなコーヒー豆はマンデリン。

ウィンドウズ先生
Windows誕生当初から使い続け、初心者から上級者まで幅広いユーザーの声に応えてきたWindowsマスター。好きな機能は仮想デスクトップ。

基本編

第1章

Copilot in Windowsとは?

Windows 11に搭載された「Copilot in Windows」とは、どのようなものなので、何ができるのでしょうか?　この章では、ChatGPTなどの既存の生成AIとの違いや利用するうえでの注意点などを解説します。

レッスン

01 Introduction この章で学ぶこと Copilot in Windowsを知ろう!

Windows 11に搭載されているAIアシスタント「Copilot in Windows」とは、どのようなもので、何ができるのでか。まずはこのレッスンで「AIアシスタント」の概要を見て、次のレッスンから使い始める前の注意点やポイントを学びましょう。

手軽に使えて調べものやアイデア出しに役立つ

「AI」っていうと、ChatGPTが有名だけど、Copilotも同じように使えるってことですか?

そう思ってもらっていいよ。会話のようなやり取りで、調べものをしたり、文章を編集したり、アイデアを出してもらったりできるんだ。

じゃあ、ChatGPTでもいいんじゃないかな。このCopilotを使うメリットで何だろう?

同じしくみで動いてはいるけど、無料のChatGPTでは使えないとても便利な機能がCopilotにはあるんだ。それからアカウントの作成や登録をしなくても、タスクバーから簡単に起動できるのも、大きなメリットだね。

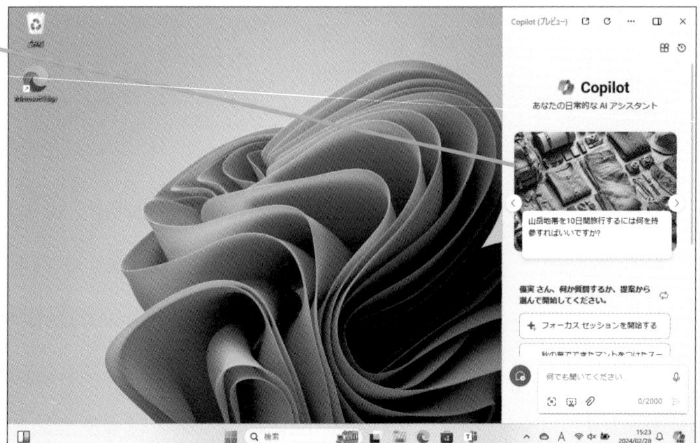

情報の取り扱いや質問のコツにも留意しよう

ChatGPTと同じだと思っていたけど、できることにも違いもあるんですね。早速、明日の会議に出す企画のアイデアを考えてもらおうっと!

はやる気持ちを少し抑えよう! 仕事で使うなら機密情報や個人情報の扱いに注意しないといけないよ。 Copilotが答えた内容が必ずしも正しいとは限らないし、著作権の問題も踏まえて利用する必要があるんだ。

個人情報、会社の機密情報などをCopilotに入力するのは避けたほうが良い

すぐに使えても、使う前に知っておくべきことがあるんですね。注意を守って便利に使いたいです。

この章では利用にあたっての注意点もしっかり解説するよ。それから便利に使うなら、質問のコツも押さえよう! 知っているのと、知らないのとでは、Copilotから得られる回答の質が違ってくるからね。

回答の質を高めるには質問の仕方にも工夫が必要

自分

Excelで、A列の金額とB列の金額を比べて、B列の方が大きい場合にはC列に「達成」、小さい場合にはC列に「未達」、20%以上小さいときは「要注意」と表示したいです。利用できるExcel関数を教えてください。

レッスン

02 Copilot in Windowsって何？

Copilotについて

練習用ファイル　なし

Copilot in Windowsは、Windows 11に組み込まれたAIアシスタントです。高度な生成AIを利用することで、さまざまな質問に回答したり、Windowsの操作を補助したりしてくれます。文字通り、隣であなたをサポートしてくれる「副操縦士」です。

いつでも手軽に使えるAIアシスタント

パソコンで作業をしていて、わからないことや困ったことに遭遇した経験は誰にでもあることでしょう。そんなときに役立つのが、Copilot in Windowsです。タスクバーから起動することで、画面右側に表示され、調べものを手伝ってくれたり、Windowsの操作をアシストしたりしてくれます。

タスクバーにある［Copilot］ボタンをクリックすると起動する

キーワード

Bing	P.171
ChatGPT	P.171
GPT	P.171

用語解説

Copilot（コパイロット）

Copilotは、Microsoftが提供する生成AIサービスで使われる共通のブランド名で、副操縦士という意味です。「Microsoft Copilot」というサービス全体の中に「Copilot in Windows」などのアプリごとのサービスがあります。また、何もつかない「Copilot」は、従来「Bing Chat」と呼ばれていたサービスの名称でもあります。

使いこなしのヒント

Microsoft Edgeでも［Copilot］が使える

生成AIの機能は、ブラウザーのMicrosoft Edgeにも組み込まれています。右上のアイコンをクリックすることで［Copilot］を起動できます。Windowsの設定などはできませんが、表示しているWebページやPDFの内容を質問できるのが特徴です。

「Microsoft Edge」からも起動できる

人に話しかけるように質問を入力するだけ！

Copilotは、ChatGPTなどの生成AIと同様に、自然な会話文を使ったチャット形式で、質問したり、作業を依頼したりできます。例えば、「できるシリーズとは何ですか?」とわからないことを質問することができます。もちろん、回答に対してさらに質問を重ねることで、会話を発展させることもできます。調べもの、アイデア出し、相談など、さまざまな用途に気軽に活用してみましょう。

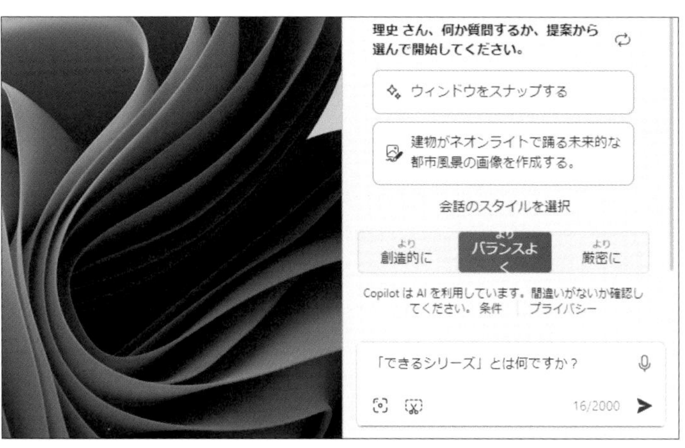

人と会話するかのように質問を入力すると回答が生成される

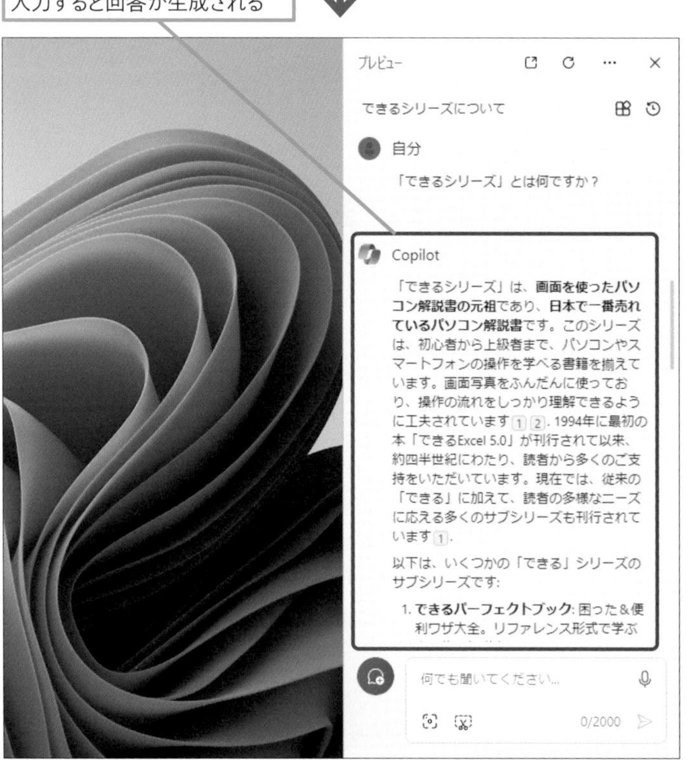

使いこなしのヒント

[Copilot] アイコンが見当たらない!

Copilot in Windowsは、Windows 10/Windows 11で利用できますが、OSのバージョンが古いと利用できません。タスクバーにCopilotアイコンが見当たらないときは、Windows Updateを実行して最新版に更新してみましょう。

使いこなしのヒント

Copilot Proと何が違うの?

Copilot Proは、有料版のCopilotです。月額3,200円を支払うことで、最新の言語モデル (GPT-4 Turbo) を利用したり、混雑時でも優先的にアクセスできたり、生成できる画像の上限が緩和されたりします。また、Officeアプリと併せて利用できるうえ、将来的にはオリジナルのCopilotも作れるようになる予定です。Copilot Proについては、第6章で詳しく解説します。

まとめ 誰でも手軽に利用できる生成AI

Copilot in Windowsは、Windows 11搭載パソコンなら誰でも利用できる身近な生成AIサービスです。OSに組み込まれているため、設定不要、利用登録不要、利用料金不要で、高度な生成AIを利用できます。使い方も簡単で、知りたいこと、やりたいことを話しかけるだけです。話題の生成AIを始めるのにぴったりなサービスとなっています。

レッスン

03 Copilot in Windowsの特徴を知ろう

特徴

練習用ファイル なし

Copilot in Windowsを使うと、具体的に何ができるのでしょうか? ここでは、Copilot in Windowsが持つ機能的な特徴について解説します。話題になったChatGPTなどの一般的な生成AIサービスとの違いも確認しておきましょう。

インターネット検索に基づいて回答される

Copilot in Windowsでは、OpenAIが開発した高性能な言語モデル「GPT-4」を利用していますが、それだけでなく、外部の知識も一緒に活用して回答する生成AIとなっています。GPT-4だけでは、学習した知識からしか回答できないため、学習していないことや刻々と変化する最新の情報について回答できなかったり、間違った回答をしたりすることがあります。しかし、Copilot in Windowsでは、Bingによる検索によって、インターネット上にある膨大な情報から、より正確で、新しい情報を使った回答ができます。

キーワード

使いこなしのヒント

Officeアプリで使えないの?

Officeアプリから使えるCopilot in WordやCopilot in Outlookなどの機能は、月額3,200円の「Copilot Pro」(別途Microsoft 365 Personal/Familyも必要)や法人向けのCopilot for Microsoft 365(別途法人向けMicrosoft 365契約が必要)で利用できます。無料版では利用できません。

スキルアップ

RAG(検索拡張生成)って何?

Copilot in Windowsの検索機能のように、外部知識を活用して回答を生成する生成AIの機能を「RAG (Retrieval Augmented Generation)」と呼びます。RAGは、特定の情報について適切かつ詳細に生成AIに回答させるために欠かせない技術です。ここで紹介しているインターネット検索やWebページ、文書などの情報を基にした回答もRAGです。

Webページや文書について質問できる

Microsoft EdgeのCopilotを利用すると、ブラウザーで表示しているWebページやPDF文書に対して質問することができます。Copilotが知識として持っていない情報でも、ページから検索して回答することができるので、ニュースサイトやQAサイトの情報について質問したり、マニュアルや技術情報、論文などのPDFを要約したりすることができます。

Microsoft Edgeで表示しているWebページや文書を要約したり、翻訳したりできる

Copilot

✓ ページで情報を検索しています

このWebページの記事は、以下のように要約できます：

- **AIネタの多さ**：筆者は2023年の本連載で、rinnaやChatGPTなどのAI関連の話題を多く取り上げた。読者は自分で試せるようなAIネタに興味があると感じた。
- **Wi-Fi 7の登場**：Wi-Fi 7対応の製品はまだ少ないが、実効5Gbpsの速度を実現するWi-Fi 7は、Wi-Fiの時代を変えると筆者は考える。しかし、価格が高いので、普及には時間がかかるだろう。
- **自宅サーバーの趣味**：筆者は年末年始に忙しくなると、自宅サーバーを作ったり、新機能を試したりするのが好きだという。NASもサーバーとして使っているが、NASの進化にも期待している。
- **誌面の工夫**：筆者は、画面や写真に引き出しで説明を追加するなど、誌面の見やすさ

使いこなしのヒント

生成AIを活用したサービスはほかにどんなものがある？

Copilotのように生成AIを利用するサービスはたくさんあります。例えば、次のようなサービスを利用できます。

●ChatGPT
OpenAIが提供する生成AIサービス。無料版と有料版（月額20ドル）があり、有料版では最新モデルの利用やインターネット検索、プラグインを使った回答が可能で、オリジナルのGPTも作れる。
https://chat.openai.com/

●Google Gemini
Googleが提供する生成AIサービス。無料で利用でき、Gmailのデータについて質問することもできる。
https://gemini.google.com/

●Adobe Firefly
Adobeが提供する有料の画像生成AIサービス。商用利用が可能で、本格的なデザイン用途に利用できる。
https://www.adobe.com/jp/products/firefly.html

●Midjourney
テキストから画像を生成できる画像生成AIサービス。Discordから画像を生成できる。
https://www.midjourney.com/

●GitHub Copilot
プログラミング用のコードを生成するサービス。有料サービスでVisual Studioなどのエディタから拡張機能で利用できる。コード中のコメントからコードを自動生成することなどができる。
https://github.com/features/copilot

●Suno
楽曲を自動で生成できるツール。テキストで入力した歌詞から曲を生成できる。
https://www.suno.ai/

次のページに続く➡

文字だけでなく画像も扱える

Copilotでは、画像も扱うことができます。「秋葉原のパソコンショップ」のように描いてほしい絵の内容をテキストで伝えることで画像を生成できます。また、画像を入力することもできます。例えば、写真をアップロードして「これは何?」と聞くと、写真の内容について回答してくれます。このように、テキストだけでなく、画像などの複数の情報を入力できることを「マルチモーダル」と呼びます。

●画像を生成できる

入力したテキストから画像を生成することもできる

●画像について質問できる

画像をアップロードすることで画像の内容について質問できる

使いこなしのヒント

画像生成AI「DALL・E」

Copilotの画像生成機能（Image Creator）では、OpenAIが開発した「DALL・E（ダリ）」という画像生成AIを利用しています。複雑な指示でも正確に画像を生成できる高性能な画像生成AIで、さまざまなタッチや対象を描き分けることができます。

画像生成AI「DALL・E」によって生成される

使いこなしのヒント

生成した画像の用途に注意

生成された画像を利用するときは、Microsoftの利用規約に従う必要があります。生成された画像を個人で鑑賞する分には問題ありませんが、店のロゴとして使ったり、生成された画像を使った商品を販売したりする場合は、事前に必ず規約を確認しておくと安心です。規約は変更されることがあるので、必ず最新のものを確認しましょう。

▼Image Creator from Designer の使用条件
https://www.bing.com/new/termsofuseimagecreator

パソコンの設定も変更できる

Copilot in Windowsは、OSの機能と密接に連携させることができる生成AIです。「ダークモードに切り替えて」「音量を下げて」「Bluetooth機器を接続したい」などとパソコンの設定や操作に関する質問を入力することで、回答だけでなく、実際の設定をするための画面をデスクトップに表示することができます。

ダークモードに切り替えるなど、設定を変えることもできる

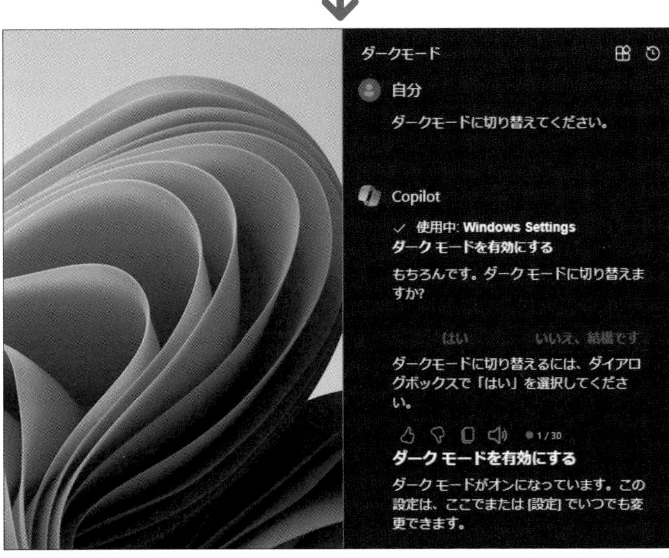

用語解説

マルチモーダル

マルチモーダルは、複数の種類(モーダル)の情報を入力できる生成AIモデルを指します。文字だけでなく、画像、音声、動画などを入力し、その組み合わせによってさまざまな処理ができます。

まとめ 無料で検索や画像生成ができる

Copilotでは、ベースとなるAIモデルにOpenAIのGPT-4やDALL・Eを使っていますが、これらのモデルはOpenAIのサービスでは有料プランでないと提供されない高度な機能となっています。Copilot in Windowsであれば、無料で、インターネットや文書検索、高品質な画像生成が利用でき、さらにはWindowsの設定まで可能です。使わないともったいないので、普段のパソコン作業にぜひ活用しましょう。

スキルアップ

スマートフォンで「Copilot」を使うには

Copilotは、パソコンだけでなく、スマートフォンからも利用できます。掲載されているQRコードを読み取って、アプリをインストールすると、スマートフォン上でもCopilotにさまざまな質問ができます。ただし、スマートフォンアプリではCopilot in WindowsのようにOSの操作はできません。

●iPhone

●Android

レッスン
04 利用にあたっての注意点を知ろう

信ぴょうせい、機密情報の扱い

練習用ファイル なし

Copilotに限らず、生成AIを利用する際は、出力された結果の扱いや入力する情報のセキュリティに十分な注意が必要です。回答が正しいか？　うっかり重要な情報を漏洩していないか？　第三者の著作権を侵害していないか？　を確認しましょう。

出力結果が正しいとは限らない

Copilotに限らず、生成AIが出力する回答は、正しいとは限りません。間違った情報や古い情報が含まれていたり、質問の意図とは異なる文章が出力されたりすることは珍しくありません。大切なのは、生成された情報をそのまま使うのではなく、必ず内容を確認したり、編集したりして利用することです。あくまでも下書きやアイデアとして活用することが大切です。

間違った情報も出力されることがあるため、回答を鵜呑みにしない

キーワード

生成系AI	P.172
著作権	P.172
プロンプト	P.172

使いこなしのヒント

生成物についての責任は自分にある

Copilotを使って、生成された文章や画像についての最終的な責任は利用者にあります。このため、生成された文章や画像が他人の著作権を侵害していないかの確認をする必要があります。なお、2024年2月時点の利用規約では、Microsoftは生成されたコンテンツの所有権を主張しないことは規定されていますが、商用利用の可否について明確な規定はありません。生成物の利用に際しては、最新の利用規約を確認するとともに、法律の専門家などに相談することをおすすめします。

▼Copilot AI エクスペリエンスの使用条件
https://www.bing.com/new/termsofuse

▼Image Creator from Designer の使用条件
https://www.bing.com/new/termsofuseimagecreator

機密情報の入力には注意しよう

Copilotに入力したプロンプトやアップロードしたファイルなどは、サービス改善やAIの学習のために利用されることがあります。このため、住所や電話番号などの個人情報、会社の機密情報などを入力することは避けましょう。意図せず情報が流出してしまう可能性があります。

個人情報や機密情報をCopilotに渡すのは避けたほうが良い

既存のコンテンツとの類似がないかを確認しよう

出力された文章や画像は、オリジナルであるとは限りません。特にインターネット上の情報を検索して出力された文章は、参照元のWebサイトや文書から引用された可能性が高くなります。そのまま利用すると、著作権侵害になる可能性があるので、必ず参照元の情報を確認し、編集したり、引用のルールに従って出典を記載したりしましょう。

そのまま使うと著作権侵害や無断利用になる可能性が高いため、参照元の情報を確認したり、似たものがないかを検索したりする必要がある

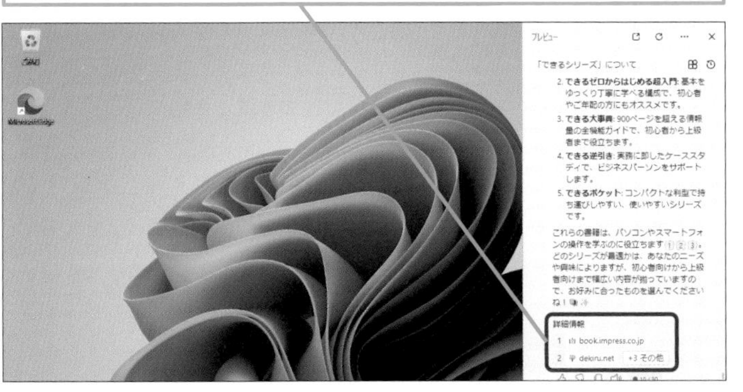

使いこなしのヒント

AIの学習に使われないようにするには

入力したプロンプトなどの情報をAIの学習に使われないようにするには、法人向けのプランの契約が必要です。Microsoft 365 E3/E5などで利用できるCopilot for Microsoft 365の利用を検討しましょう。

使いこなしのヒント

外部の機関のガイドラインも参考にしよう

生成AIを利用する際に注意すべき点は、さまざまな機関からガイドラインとして公開されています。仕事に使う際などは目を通しておきましょう。

▼生成AIの利用ガイドライン（一般社団法人　日本ディープラーニング協会）
https://www.jdla.org/document/

▼文章生成AI利活用ガイドライン（東京都職員向け）
https://www.metro.tokyo.lg.jp/tosei/hodohappyo/press/2023/08/23/14.html

まとめ　便利だが注意が必要

Copilotなどの生成AIは、パソコンでの作業を助けてくれる便利なサービスですが、注意しなければならない点もあります。特に注意が必要なのが、出力結果の扱いです。内容の正しさを判断したり、第三者の著作権を侵害していないかを確認したりすることは、利用者の責任です。この点を忘れずに活用しましょう。

レッスン
05 回答の精度を上げるポイントを押さえよう

プロンプト

練習用ファイル なし

Copilotを使いこなすのに大切なのは「質問の仕方」です。Copilotへの依頼となる「プロンプト」をどのように書くかによって、回答の精度が変わってきます。何をしてほしいのか、どのように書いてほしいのかを明確に伝えることが大切です。

何をCopilotにしてもらいたいかを指示しよう

Copilotにより精度の高い回答をしてもらうためには、どのようなことをすればいいのかという指示をプロンプトの中で明確に示す必要があります。以下の例のように、「●●を××してください」と「何を」「どうするか」を明らかにすることが大切です。プロンプトにはまず、こうした指示を先頭に記述します。

●情報を検索する

例

Copilotについて説明してください

●情報を要約/翻訳する

例

表示しているWebページを要約/翻訳してください

●Windowsの設定をする

例

背景画像を変更してください

キーワード

Copilot	P.171
言語モデル	P.172
プロンプトエンジニアリング	P.172

用語解説

プロンプト

「プロンプト」とは、生成AIに入力する情報のことです。通常は、AIに実行してほしい指示になりますが、直接的な指示だけでなく、その前提となる情報や理由、例などの情報も含みます。

使いこなしのヒント

どうして先に指示を書くの?

多くの生成AIは、英語でモデルを学習します。このため、英語的な表現でプロンプトを記述するほうが精度は高くなります。また、モデルを学習するときに、先頭に「Instruction(指示)」や「INST」というタグで指示を記述したデータで学習するのが一般的です。学習時のルールに従うことで、指示を理解してもらいやすくなります。

プロンプトに4つの要素を盛り込もう

プロンプトを記述するときは、指示だけでなく、補足的な要素も追記することで、より高い精度の回答が得られます。ただし、補足的な要素も、的確に記述しないと内容が伝わりにくくなります。具体的には、次の例のように「目的」「背景」「情報源」「期待すること」を追記します。これにより、Copilotは、利用者が求めるものに近い回答を生成できるようになります。

例

> 書籍の目次案を作ってださい。「Copilot in Windows」に関する書籍を制作したいので、その内容を検討する必要があります。インターネット上のCopilot in Windowsに関するニュースやMicrosoftのリリースを参照してください。入門者向けの書籍にしたいので、わかりやすい言葉で、基本的なことから説明する内容で記述してください。

要素

目的	「何を（What）」してほしいかを記述します。
背景(コンテキスト)	「なぜ（Why）」それが必要かを記述します。
情報源	Copilotが参照する情報は「どれ（Which）」かを記述します。
期待すること	期待する回答が得られるようにするために「どう（How）」すべきかを記述します。

使いこなしのヒント
回答の精度に重要なコンテキスト

ここで「背景」と説明しているコンテキストは、「事前知識」として利用されることもある重要な情報です。AIは、事前に学習した情報から回答を生成しますが、コンテキストとして情報を与えることで、コンテキストから回答を生成することができます。例えば、特定のプロジェクトに関する情報をコンテキストとして与えることで、その内容について回答を生成することができます。

使いこなしのヒント
例などを含めることもできる

Copilotに特定の形式に従って出力してほしいときは、例を示すこともできます。例えば、次のような指示があります。

例

> 次の文章にタグをつけてください。例に従って文章の内容にあったタグを付けてください。
> 例）
> お店の雰囲気がよかったです。#ポジティブ
> テーブルが汚かった。#ネガティブ
> お会計に時間がかかった。

例で示した形式に沿ったハッシュタグの案が生成された

次のページに続く➡

Copilotのプロンプト作成で「すべきこと」

Copilotに思い通りの回答をしてもらうためには、プロンプトの作成時に配慮したほうがいい「すべきこと」があります。必ず従わないといけないというものではありませんが、次の例のようにプロンプトを作成することで、Copilotが、何を回答すべきか、どのように回答すべきかに迷わずに済みます。

●明確に、具体的に指示を出す

なるべく明確で具体的な指示を与えます。

悪い例

> Copilot in Windowsの特徴は?

良い例

> Copilot in Windowsの特徴を箇条書きで3つ書いてください。

●会話形式でやりとりを続ける

応答に対してフィードバックを与えて、自分の意図に合った応答を返してくれるように誘導します。

例

> Copilot in Windowsの特徴は?

回答に続けてさらに質問を入力する

> コルタナとの違いについて追記してください。

●例や方針を与える

創造的な文章を生成させたいときは、具体的なキーワードを例示したり、文章のトーンを指定したりします。

例

> Copilot in Windowsがプログラミングコードを出力できるしくみを小学生にもわかるようにやさしく説明してください。

●明瞭に記述する

句読点、大文字（英字の場合）、文法を正しく使用することで精度が向上します。

悪い例

copilotinwindows特徴説明

良い例

Copilot in Windowsの特徴を説明してください。

●詳細まで説明する

コンテクスト（文脈：なぜ必要かの詳細）を説明することで、より整合性のある回答が得られます。

悪い例

Copilot in WindowsのSNS投稿メッセージを考えてください。

良い例

Copilot in WindowsのSNS投稿メッセージを考えてください。新しくリリースされ、誰でも使えるようになったことを広く伝える必要があります。

●丁寧な表現を使用する

優しく丁寧な言葉で語りかけることで、応答性とパフォーマンスが向上します。

悪い例

Copilot in Windowsって何?

良い例

Copilot in Windowsとは何かを説明してください。

使いこなしのヒント

「すべきでないこと」とは

もちろん、「すべきこと」があれば、その反対の「すべきでないこと」あります。例えば、次のようなことはすべきではありません。

●あいまいな表現や指示

あいまいな表現を避け、できるだけ明確な言葉で指示しましょう。

●不適切/非倫理的な要求

地域の法律や規則を遵守し、他者の権利を尊重しましょう。

●俗語、隠語、口語の使用

不適切な言葉を使うと、不正確または稚拙な応答が生成されることがあります。

●相反する指示

混乱するので、一度に複数の情報や相反する情報を含めるのは避けましょう。

●トピックの突然の割り込みや変更

混乱を避けるため、話題を変えるときは、必ず新しいタスクを開始しましょう。

まとめ **人に伝えるときと変わらない**

プロンプトはAIに対する指示ですが、友人や同僚にやってほしいことを伝えるような気持ちで入力することが大切です。何をどうしたいのかを明確、かつ丁寧に説明することで、思い通りの回答に近づけることができます。このレッスンの方法を参考に工夫してみましょう。

この章のまとめ

パソコン操作を助けてくれるアシスタント

Copilotは、パソコンでのさまざまな作業をサポートしてくれる優秀なアシスタントです。Windows 11を利用していれば、タスクバーのアイコンやMicrosoft Edgeから無料で利用できるので、調べものやアイデア出しを手伝ってもらったり、パソコンの操作を代わりにやってもらったりしましょう。ただし、利用するうえでの注意点もあります。情報の信ぴょう性や著作権、機密情報の扱いなどに注意しましょう。あくまでもCopilotはアシスタントで、最終的な責任を持つのは、私たち利用者であることを忘れてはいけません。

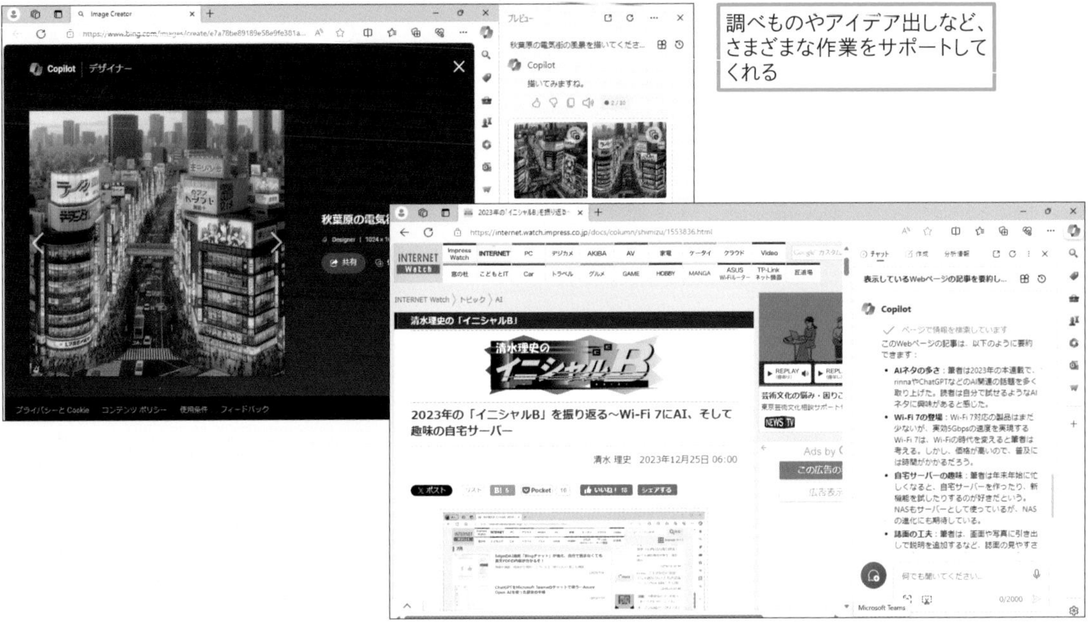

Copilotはインターネット検索も組み合わせて回答してくれる点が、ほかの生成AIと違う点ですね！

利用登録なしで無料で高度な生成AIを使えて、WebページやPDFについて質問したり、画像を生成したりできるなんて便利！

知りたいこと、やりたいことを話しかけるだけだから、使い方も簡単さ。使わないともったいないから、どんどん活用してほしい！

基本編

第2章

Copilotを使ってみよう

Copilotを実際に使ってみましょう。Copilotには、チャット形式で自由に質問することができますが、質問の仕方によって動作が変わります。まずは、基本となる3つの方法でCopilotの使い方を見てみましょう。

レッスン 06

Introduction この章で学ぶこと

Copilotに質問してみよう

知りたいことを質問したり、開いているWebページの内容から必要な情報を探したり、次のレッスンから実際にCopilotを使い始めます。まずはこのレッスンで、第2章で学ぶ内容を見てみましょう。

簡単な質問から聞いてみよう

この章では実際に、Copilotにいろいろ聞いてやり取りをしてみよう。重ねて質問する方法も紹介するよ！

●旅行先の有名な観光地を質問する

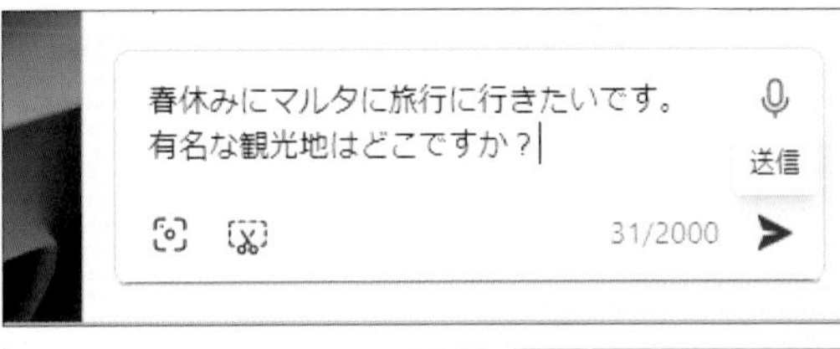

質問を入力して送信すると回答が表示される

プレビュー

マルタの観光スポット

Copilot

もちろんです！マルタは美しい観光スポットがたくさんありますよ。以下にいくつかおすすめの観光地を紹介しますね。

1. **聖ヨハネ大聖堂 (St. John's Co-Cathedral)**:
   - この歴史的な教会は、マルタの首都バレッタにあります。
   - 聖ヨハネ騎士団によって建設され、内部には美しいフレスコ画やカラヴァッジョの名作『洗礼者ヨハネの斬首』が展示されています 1.
   - 営業時間: 月曜～土曜 9:00～16:45（最終入場 16:15）
   - 住所: Triq San Gwann, Il-Belt Valletta, マルタ
   - 公式サイト
2. **騎士団長の宮殿 (Grand Masters Palace)**:
   - マルタ騎士団の団長が使用していた宮殿で、歴代騎士団の邸宅としても知られています。

とても詳しく回答してくれるんですね！［詳細情報］にあるリンクから参照した情報が見られるのも便利ですね。

パソコンの設定や表示しているWebページについて質問できる

第1章でも紹介したけど、Copilotならパソコンの設定を変更したり、表示しているWebページについて質問したりできるんだ。

●Bluetoothマウスをつなぐ方法を質問する

質問を送信すると設定画面が自動で表示される

●Webページに書かれた内容を質問する

該当のWebページを表示して質問を送信すると回答が表示される

Webページ内から必要な情報を探すときに役立ちそう！

レッスン
07 知りたいことを入力してみよう

質問の入力

練習用ファイル L007_プロンプト.txt

Copilotに知りたいことを質問してみましょう。まずは、難しいことは考えずに「今知りたいこと」をシンプルに入力してみましょう。CopilotはBingを利用したインターネット検索ができるので、Webページなどを参照して詳しく回答してくれます。

1 Copilotを起動する

Copilotが起動して、画面の右側に表示された

キーワード

Bing	P.171
Copilot	P.171
自然言語	P.172

ショートカットキー

Copilotの起動 ⊞+C

使いこなしのヒント
ウィンドウが表示されたままになる

Copilotのウィンドウは、手動で閉じるか再起動するまで右端に表示されたままになります。Copilot表示中に、ほかのアプリのウィンドウを最大化した場合、Copilotは表示されたまま最大化されます。

使いこなしのヒント
[会話のスタイル] って何?

Copilotでは、最初の画面に表示されている「会話スタイルを選択」で、3つの会話スタイルを選択できます。「より創造的に」は質問への回答に加えて、説明や付加的な情報も含めた内容を回答します。一方、「より厳密に」は質問になるべく簡潔に回答します。標準の「よりバランスよく」は、その中間として標準的な回答をします。

クリックすることで会話スタイルを切り替えられる

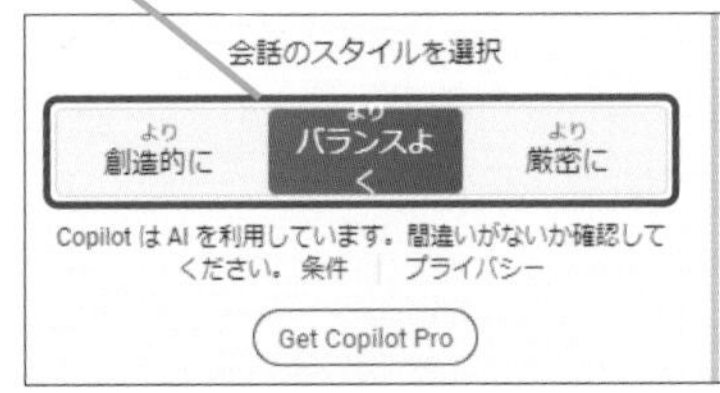

2 Copilotに質問する

ここではマルタ共和国への旅行についてアドバイスしてもらう

1 質問を入力

2 ［送信］をクリック

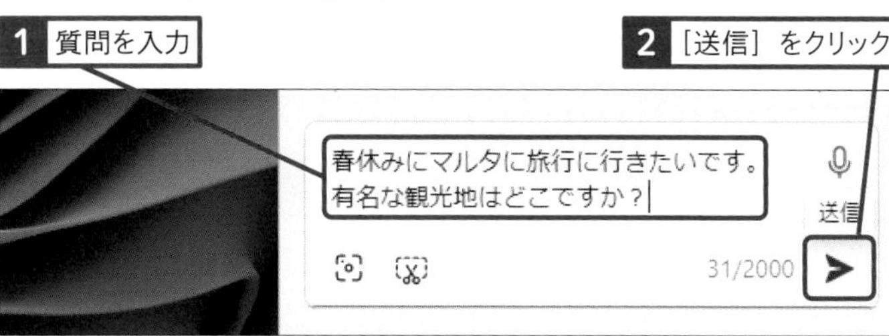

3 回答が表示されるまで、しばらく待つ

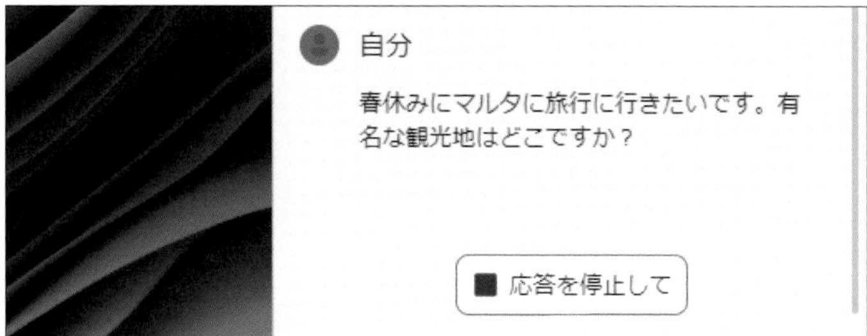

回答が表示された

時短ワザ

音声でも操作できる

手順2で文字を入力する代わりに、マイクボタンをクリックして、音声で質問することもできます。キー入力に慣れてない場合や手が離せないときは、音声入力を使ってみましょう。

1 ［マイクを使用する］をクリック

音声でCopilotを操作できる

使いこなしのヒント

Enter キーで質問を送信できる

質問の入力後、［送信ボタン］の代わりに Enter キーを押すことでも質問を送信できます。

時短ワザ

入力中に候補が表示される

質問として文章を途中まで入力すると、Copilotが学習したよくある質問の中から、文章の続きの候補が表示されます。Tab キーを押すと、自動的に候補を入力できます。

次のページに続く➡

3 質問をさらに入力する

続けて宿泊するホテルについて質問する

1 質問を入力

2 ［送信］をクリック

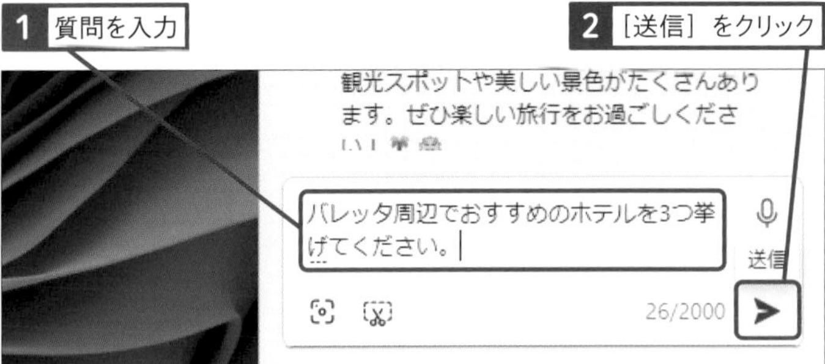

3 回答が表示されるまで、しばらく待つ

回答が表示された

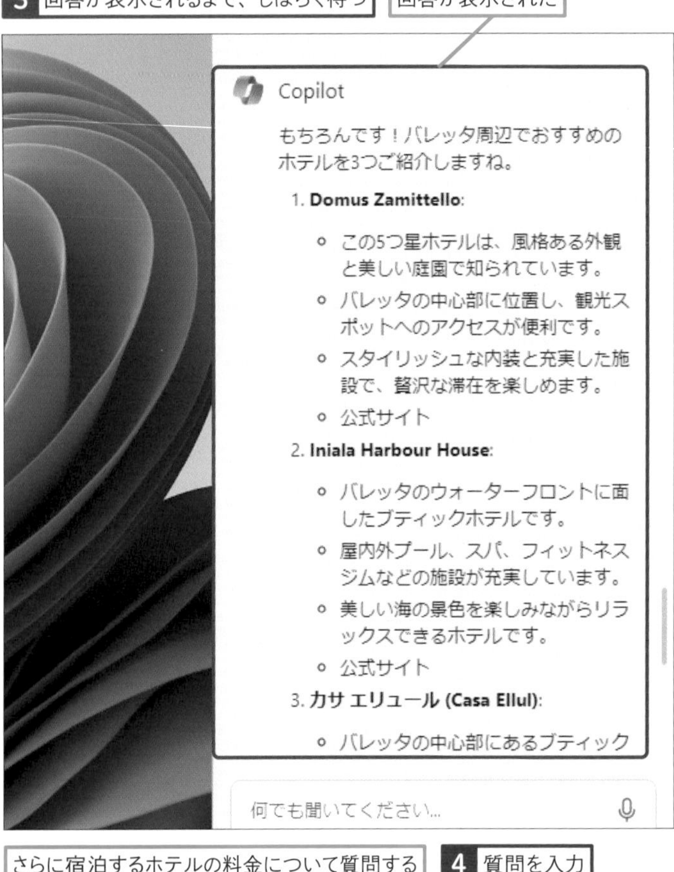

さらに宿泊するホテルの料金について質問する

4 質問を入力

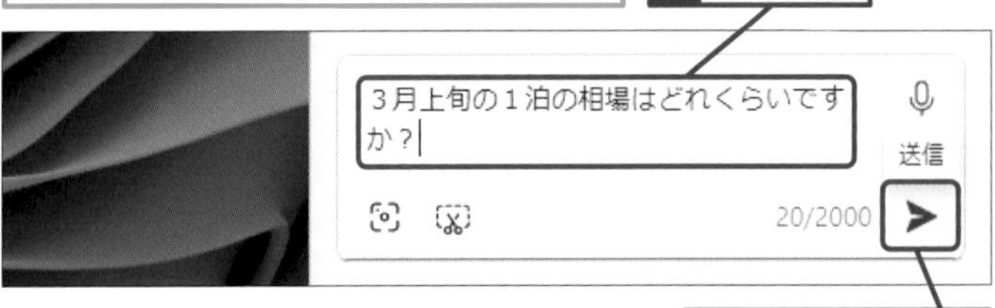

5 ［送信］をクリック

使いこなしのヒント

質問欄で改行するには

質問を入力するときに改行したいときは、Shift＋Enterを押します。Enterだけでは質問が確定してしまいますので、忘れずにShiftキーを押しながら操作しましょう。

使いこなしのヒント

回答を踏まえて質問できる

Copilotでは、会話の流れを汲んで回答することができます。例えば、手順3の操作4の質問には「どこの」という情報が含まれていませんが、その前までの会話から、省略された情報を理解して回答してくれます。

使いこなしのヒント

回答の下に表示されるほかのボタンは何？

Copilotの回答の下には、回答を評価したり、再利用したりするためのボタンが表示されています。［いいね！］や［低く評価］で評価すると、その結果が学習され、以後の回答に反映されます。また、コピーで別のアプリに貼り付けることができます。

［いいね!］と［低く評価］で、回答の内容を評価できる

［コピー］をクリックすると、テキストがコピーされる

基本編 第2章 Copilotを使ってみよう

●回答が表示されるまで待つ

ホテルの相場について回答が表示された

使いこなしのヒント

質問の候補も表示される

Copilotは回答の後に、次の質問の候補も表示してくれます。知りたいことが候補にある場合は、クリックするだけで質問できます。

生成結果に関連した質問の候補が表示される

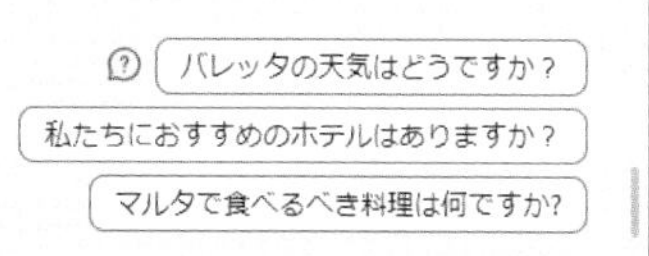

まとめ　調べものに活用しよう

Copilotの特徴は、Bingを利用してインターネット上の情報を基に回答を生成してくれることです。検索エンジンのようですが、検索結果から回答に適したWebページを自動的に選んでくれること、回答が文章としてまとめられるのが特徴です。普段の調べものに活用してみましょう。

スキルアップ

会話をリセットするには

Copilotは、基本的に前の会話を踏まえて回答します。このため、話題を変えたいときは、[新しいトピック] で会話をリセットすることが大切です。リセットせずに会話を続けると、前の会話に影響を受けた意図せぬ回答が生成されることがあります。[新しいトピック] で内容を区別しながら会話しましょう。

[新しいトピック] ボタンが表示されないときは、背景をクリックしておく

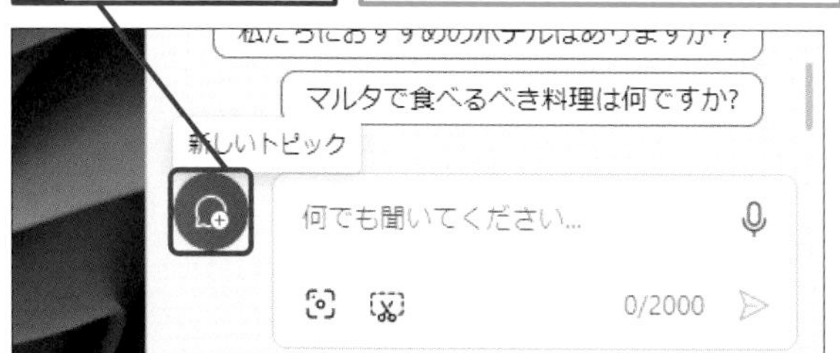

会話がリセットされた

レッスン

08 パソコンの設定を変更するには

設定変更

練習用ファイル L008_プロンプト.txt

Copilotの中でも、Windows 11のタスクバーから呼び出せる「Copilot in Windows」には、Windowsと連携できる特別な機能が搭載されています。Copilotに言葉で質問したり、指示したりすることで、Windowsの設定や操作をしてみましょう。

1 Copilotで設定を変更する

ここではBluetoothマウスの接続方法を教えてもらう

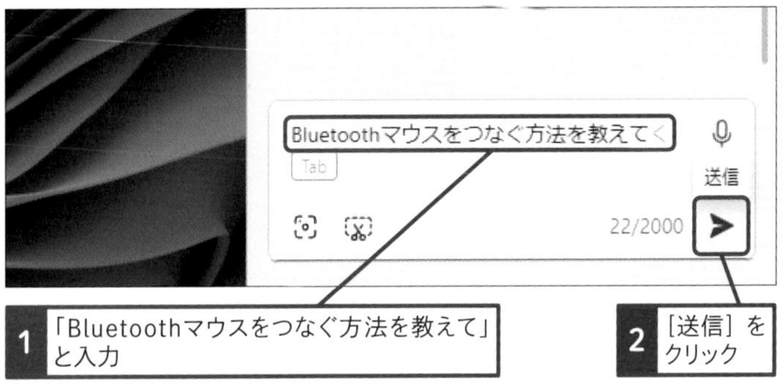

1 「Bluetoothマウスをつなぐ方法を教えて」と入力

2 ［送信］をクリック

［設定］アプリが起動し［Bluetoothとデバイス］の画面が表示された

［Bluetooth］がオフになっている場合は、［はい］をクリックするとオンになる

キーワード

Copilot	P.171
自然言語	P.172
プロンプト	P.172

使いこなしのヒント

どんな設定を変更できるの?

Copilotでは一部のWindowsの設定をはじめ、アプリの起動、トラブルシューティングツールの起動などができます。例えば、次のようなことができます。

- 応答不可モードをオンにする
- 音量をミュートする
- 壁紙を変更する
- スクリーンショットを撮る
- フォーカスタイマーを設定する
- エクスプローラーを表示する
- ウィンドウを整列する
- 「オーディオが機能しないのはなぜですか?」と質問して、トラブルシューティングツールを起動する

ここに注意

Copilotではすべてのwindowsの操作ができるわけではありません。現状で操作できる機能は限られています。また、アプリや設定を起動することはできますが、アプリ内の操作をしたり、ファイルを操作したりすることはできません。

2 設定変更の操作方法を質問する

1 「デバイスの追加からペアリングする方法を教えて」と入力

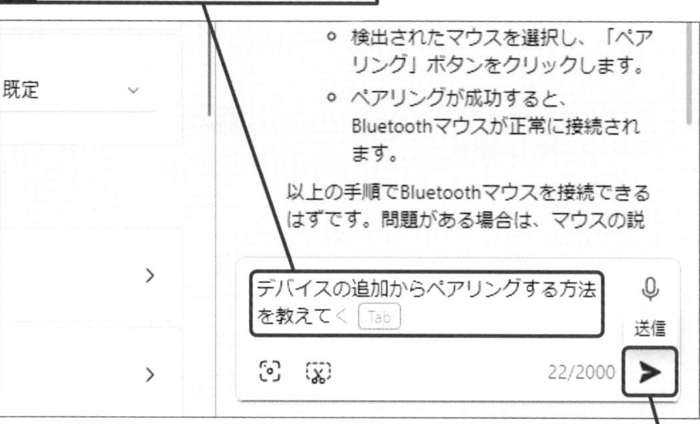

2 ［送信］をクリック

回答が表示された

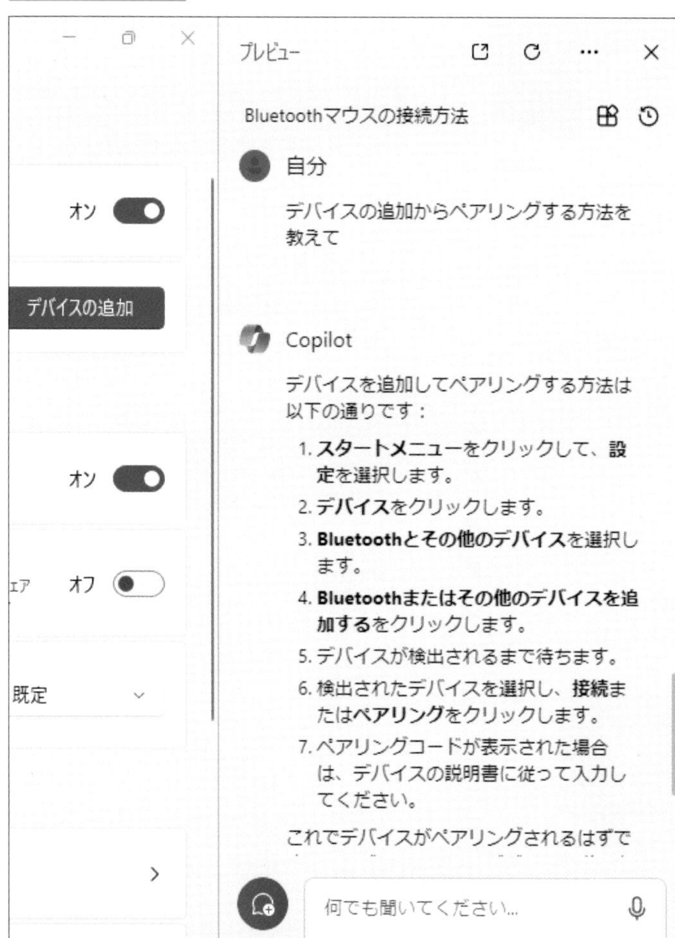

時短ワザ
アプリを起動するには

アプリを起動するには、アプリの名前を指定して「●●を起動して」と指示します。また、「ファイルを操作するためのアプリを起動して」や「音を小さくして」のように、やりたいことからアプリや設定を起動することもできます。

「エクスプローラーを起動して」と質問を入力しておく

1 ［はい］をクリック

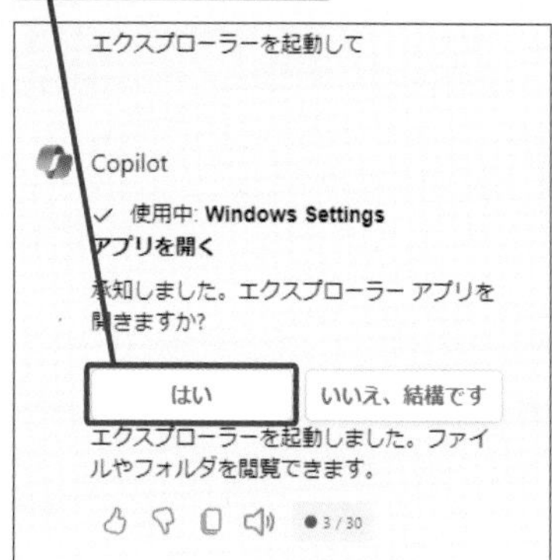

エクスプローラーが起動する

まとめ Windows向けのCopilot

Windowsに搭載されたCopilot in Windowsには、アプリの名前ややりたいことを指示することで、Windowsのアプリや設定を起動できるという特別な機能が搭載されています。どのアプリを使えばいいのか、どこから設定すればいいのかに迷ったときは、Copilotに質問してみるのが近道です。方法だけでなく、回答から直接アプリや設定を開けます。

レッスン

09 開いているWebページについて質問するには

Microsoft EdgeのCopilot

練習用ファイル L009_プロンプト.txt

ブラウザーの「Microsoft Edge」に搭載されているCopilotを利用すると、現在開いているページについて質問できます。Webページや PDF文書など、内容を詳しく知りたいページがあるときは、Microsoft EdgeのCopilotを使って質問すると効率的です。

キーワード

AI	P.171
Bing	P.171
Microsoft Edge	P.172

1 Copilotのサイドパネルを表示する

1 [Microsoft Edge] をクリック

2 [Copilot] をクリック

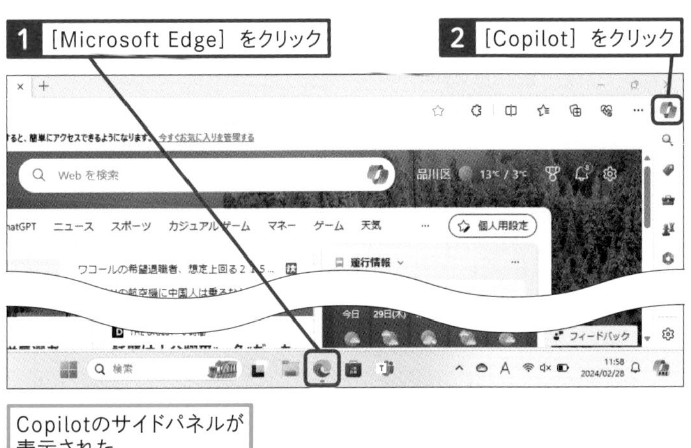

Copilotのサイドパネルが表示された

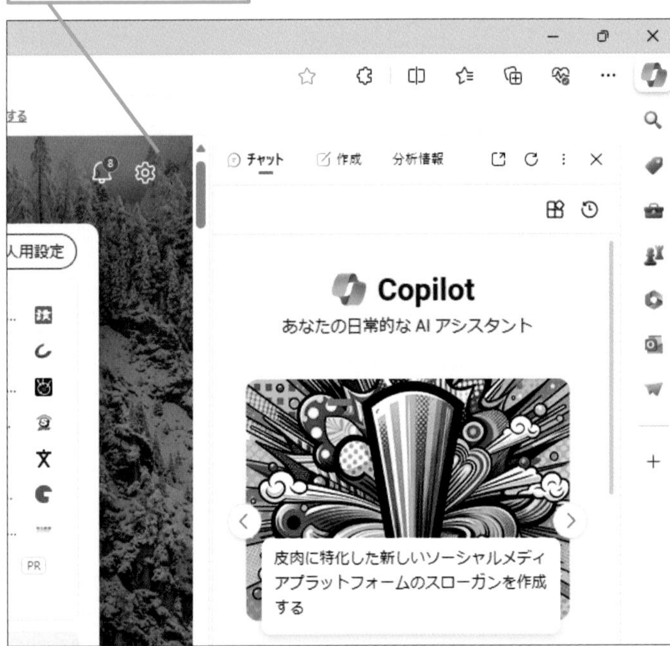

使いこなしのヒント

サイドパネルの幅を広げるには

Microsoft Edgeのサイドパネルは、幅を変更することができます。Copilotで表示される情報を多くしたいときは、以下のようにサイドパネルの端をドラッグして幅を広げましょう。なお、一定以上、狭くすることはできません。

サイドパネルの端にマウスポインターを合わせドラッグする

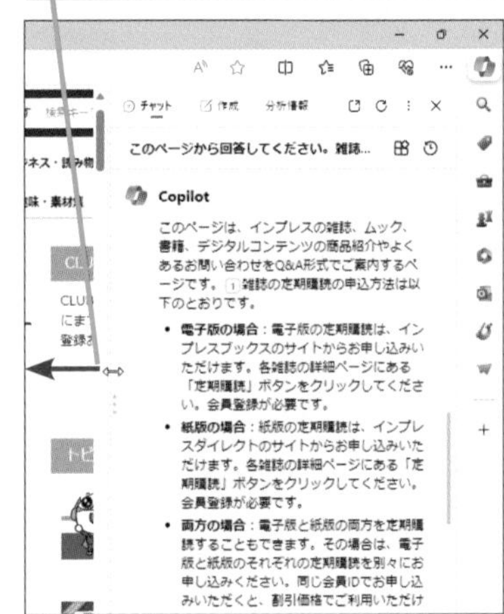

基本編 第2章 Copilotを使ってみよう

2 Webページから必要な情報を探す

▼ インプレスブックスのFAQページ
https://book.impress.co.jp/guide/service/faq.html

1 上記のWebページにアクセス

Copilotのサイドパネルを表示しておく

2 定期購読についての質問を入力

3 ［送信］をクリック

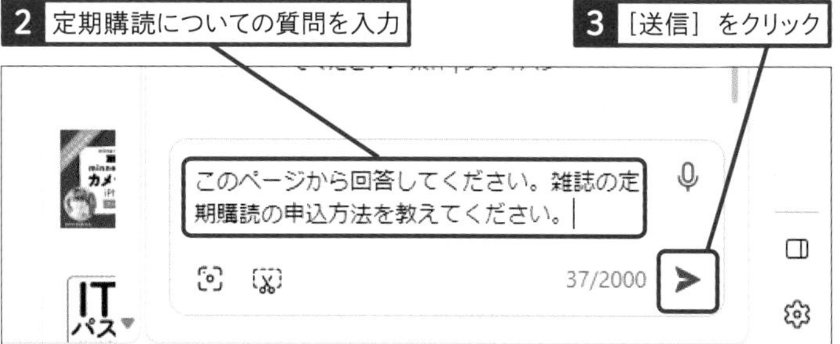

4 ［確認してチャットを続ける］をクリック

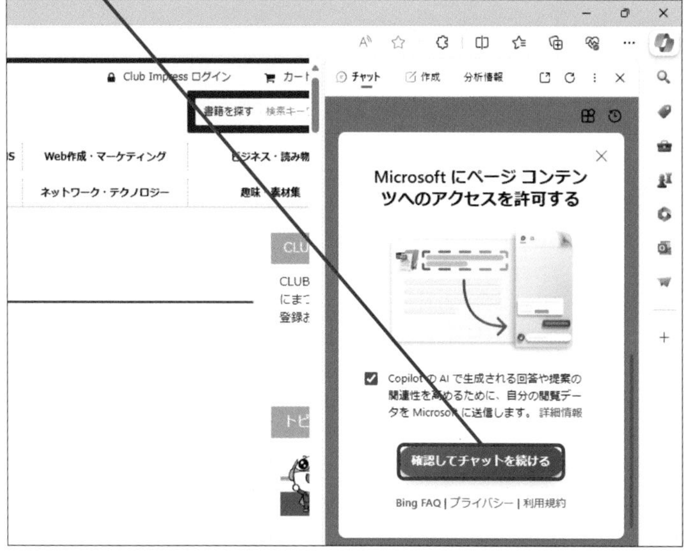

ここに注意

Copilotは、現在、開いているタブのページについて回答します。複数のタブがある場合でも現在のタブしか回答しません。タブごとに、別々の回答を保持しつつ、切り替えながら使うことなどもできません。

使いこなしのヒント

ページコンテンツへのアクセスを許可していいの?

手順2のアクセス許可画面は初回のみ表示されます。許可しないとページの内容について質問できないので許可しておきましょう。ただし、質問するときは、表示しているページの内容に注意が必要です。一般的なWebページであれば問題ありませんが、社内イントラネットの情報などの場合、機密情報が含まれる場合があります。意図せず、外部に情報が送信されてしまう可能性があるので注意しましょう。内部の情報が含まれる可能性がある場合、警告が表示されることがあります。

次のページに続く

●回答が表示された

Webページに書かれた内容に基づいた回答が表示された

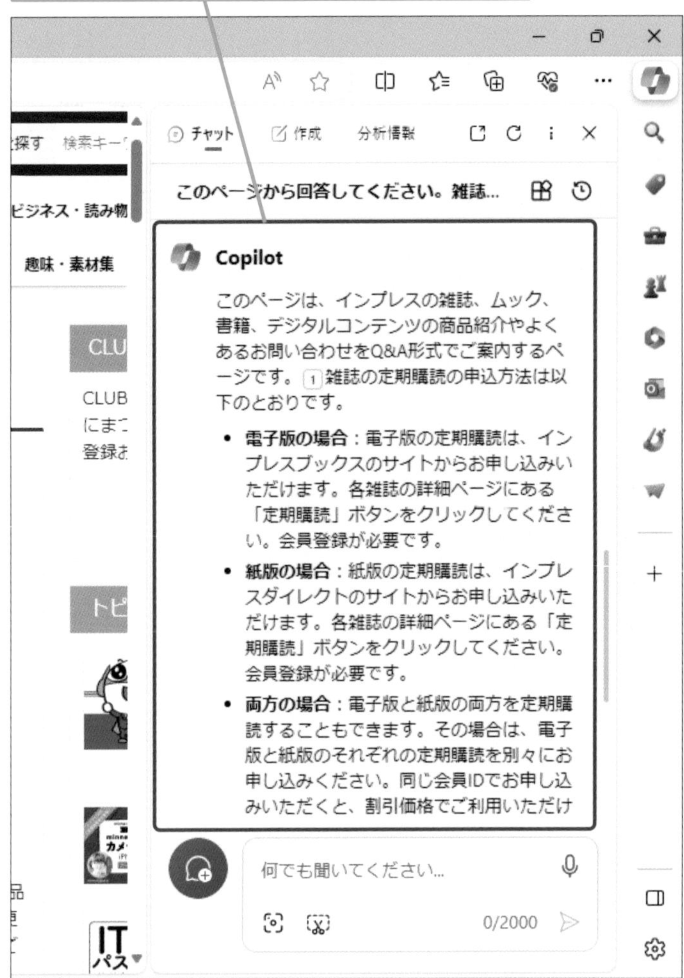

続けて、会員規約について質問する

5 質問を入力

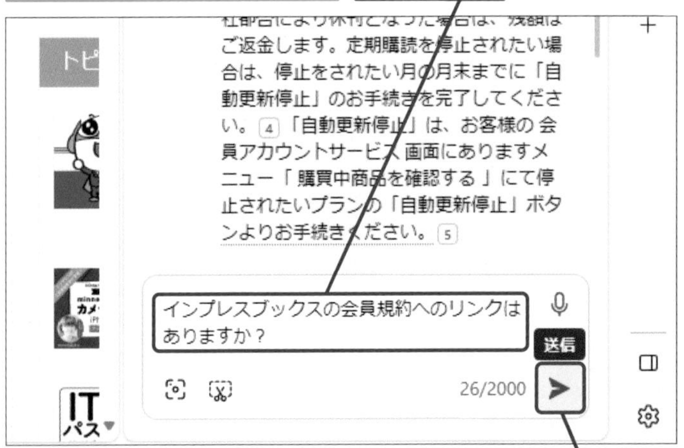

6 ［送信］をクリック

使いこなしのヒント

［分析情報］タブも活用しよう

［分析情報］タブを利用すると、現在表示しているサイトの情報が表示されます。サイトの信頼性やランキング、ページによっては関連する情報などを確認できるので、参考にするといいでしょう。

1 ［分析情報］タブをクリック

サイトの評価やランキングが表示された

●回答が表示された

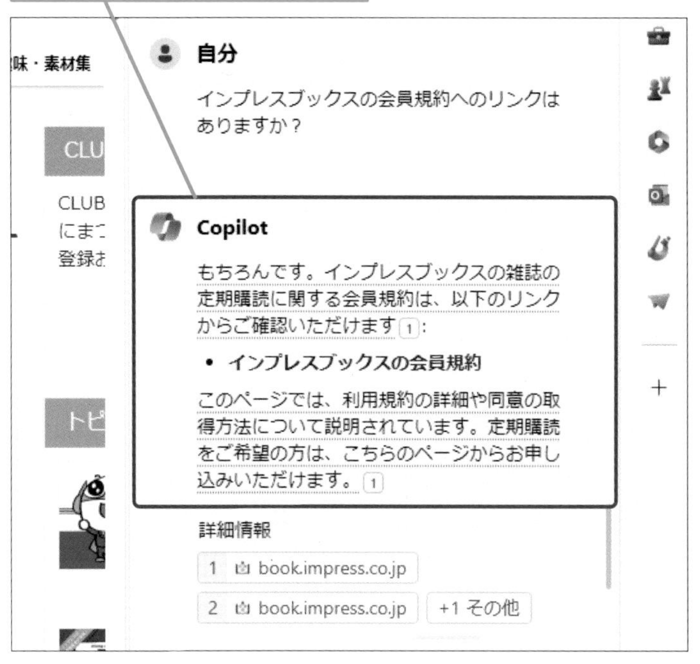

まとめ　「このページについて回答してください」が重要

ニュースやレポート、ブログなど、CopilotではMicrosoft Edgeで開いているページについて質問することもできます。内容を要約したり、知りたい情報を取り出したり、疑問点を質問したりできるので、長い文章を自分で読み込む必要がありません。調べものなどに活用すると便利です。なお、質問するときは「このページについて回答してください」と入力することが重要です。入力しないと、通常のインターネット検索などで回答が生成される場合があります。

スキルアップ

タスクバーのCopilotで開いているWebページについて質問するには

タスクバーから起動したCopilotで、表示しているWebページに対して質問したい場合は、[…]の［設定］から［Bing ChatとMicrosoft Edgeコンテンツを共有する］をオンにする必要があります。

1 [...] - [設定] をクリック

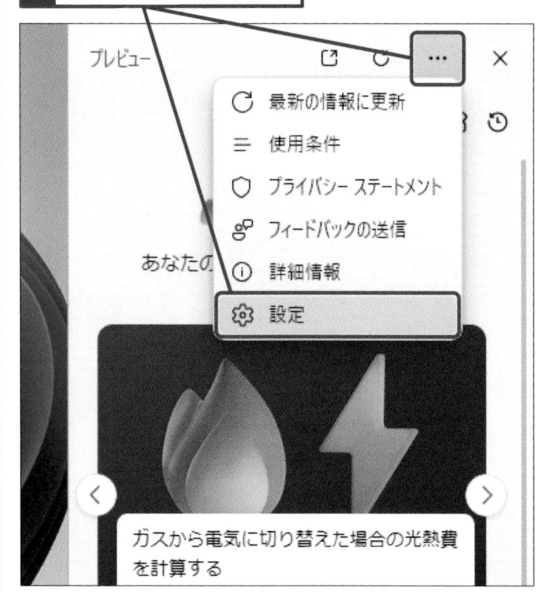

2 [Bing ChatとMicrosoft Edgeコンテンツを共有する] のここをクリックしてオンにする

この章のまとめ

Copilotならではの機能を活用しよう

Copilotは、一般的な生成AIと異なり、Microsoftのサービスと密接に連携しているのが特徴です。この章で紹介したように、回答を生成するための知識としてBing検索を利用したり、Windowsの設定やアプリを起動できたり、Microsoft Edgeと連携して開いているページについて質問できたりします。単に質問に回答するだけの一般的なチャット型の生成AIと異なり、パソコンを使った日常作業をサポートすることを目的に設計された生成AIとなっています。この章以降、実際にCopilotを利用したさまざまな活用方法を紹介しますので、仕事や趣味など、パソコンを使った作業で積極的に活用するといいでしょう。

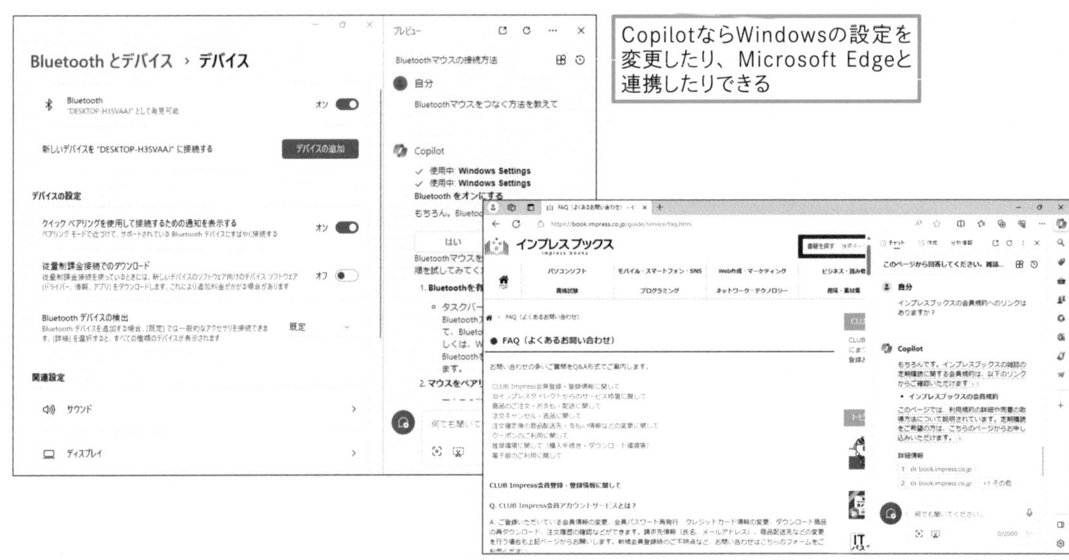

使い方もシンプルだからこそ、いろいろな作業に役立てられそう!

いつもやっているネット検索の代わりに、Copilotにわからないことを聞いてみるのも良さそうですね。

使わないとCopilotの利点もわからないからね。まずは積極的に活用して、自分なりに便利な使い方を見つけていこう!

活用編

第3章

調べものや情報整理に役立てる

日々の生活や仕事の中で、何かわからないことがあったり、詳しく調べたいことがあったりしたときは、Copilotに気軽に質問してみましょう。役立つデータや言葉の意味、文書の概要、動画や画像の内容、さらにはプログラムのしくみなど、さまざまな情報について答えてくれます。

レッスン
10 Introduction この章で学ぶこと Copilotの特徴を踏まえて役立てよう

CopilotはWebページやPDFのほか、画像を基に質問できます。どのような調べものに役立てられるのか知ることで、よりCopilotを使いこなせるようになります。まずは具体的な例で見ていくことにしましょう。

最新の情報も答えてくれるからリサーチに大活躍！

社会の動向やトレンドは日々変わっていくもの。何か調べるときは、最新の情報が必要になることが多いよね。まずは「タイパ」という言葉の意味を聞いた以下の例を見比べてみて。

●ChatGPTに質問した場合

You
「タイパ」という言葉の意味を教えて

ChatGPT
「タイパ」は、日本語の俗語で、主にインターネット上で使用される言葉です。これは、「タイピング」（キーボードを使った文字入力）のことを指しています。具体的には、特定のキーボード入力スタイルやタイピング技術に長けた人を指すことがあります。例えば、オンラインのチャットやゲームなどで高速で正確に文字を入力できる人を指して「タイパ」と呼ぶことがあります。

無料のChatGPTは2022年1月までのデータによって学習されているとされているため、それ以降の情報は正確な回答が得づらい

●Copilotに質問した場合

自分
「タイパ」という言葉の意味を教えて

Copilot
もちろんです！「**タイパ**」という言葉は、**タイムパフォーマンス**の略で、時間に対して得られた効果や満足感を意味します。具体的には、かけた時間とその結果を比較する際に使われる言葉です。例えば、動画を倍速で視聴することや、ショート動画を選ぶこと、冷凍食品や完全栄養食を利用することなど、**タイパ**を重視する行動が増えています。1 2 3

この言葉は、特に**Z世代**と呼ばれる若者たちによく使われており、彼らは効率的に情報を選択し、時間を有効に使うことを重視しています。1 3 例えば、動画の倍速視聴や切り抜き動画、冷凍食品、完全栄養食、ミールキット、家電、WEB会議、在宅勤務など、さまざまな場面で**タイパ**を意識して

第2章で説明してもらったようにCopilotがBingの検索エンジンと連携しているからこその強みですね！

今日起きたことにも答えてくれるんですよね！リサーチ作業がはかどりそうです。

画像やPDF、YouTube動画についても質問できる

それからこの章ではPDFや画像に書かれた内容について聞く例や、YouTube動画を要約する方法なども解説していくよ！

Tシャツに書かれた外国語の意味を質問する

読めないし、この文字も入力できないし、こういうのでつまづいた経験ある～。

Microsoft Edgeで表示したPDFについて質問する

PDFから知りたい情報を調べるのが効率化しそう！

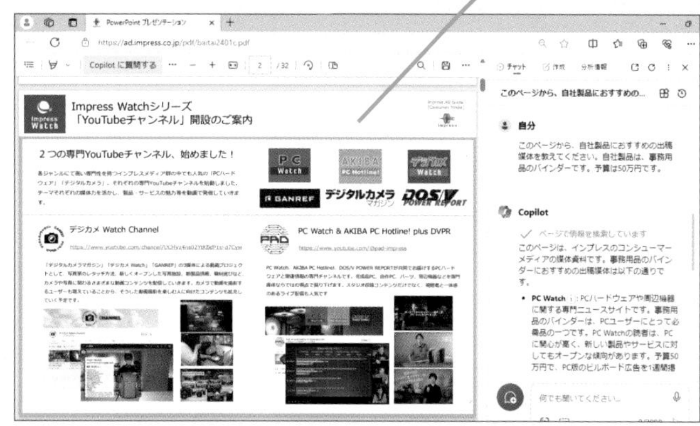

YouTube動画の要約を依頼する

これ以外にもWebページから必要な情報を探したり、SNSの投稿文を作成したりする例を紹介しているよ。レッスンで解説している使い方を通して、Copilotの強みをぜひ体感してみて！

レッスン

11 欲しいデータをリクエストしてみよう

データの検索

練習用ファイル　L011_プロンプト.txt

資料やレポートなどを作るときに、その内容を補足したり、主張を裏付けたりするためのデータが欲しいことがあります。こうしたデータの取得もCopilotに指示することができます。データの内容などを詳しく説明してリクエストしてみましょう。

キーワード

使いこなしのヒント

データのソースを確認しよう

Copilotが示したデータが、何を根拠にしたものなのかは、回答中のリンクや末尾の参照元から確認できます。Copilotの回答が正しいとは限りませんので、必ず参照元のデータを確認しましょう。

1 必要なデータを探してもらう

質問例

生成系AIに関するデータを探してください。企業導入状況がグラフなどで示されているものが必要です。

回答例

生成系AIに関するデータを探しました。生成系AIとは、新しいデータやコンテンツを生成する能力を持つAIのことです。生成系AIは、テキスト、画像、音声、プログラムコードなど、さまざまな形式のデータを生成することができます。

生成系AIの業務適用を国内企業の50%が検討しており、32%が2023年中に導入を予定しているという調査結果があります。また、生成系AIの本格導入時期を問う質問に対し、生成AI活用を検討・推進中の回答者の43%が2024年3月までの本格導入を予定しており、58%は今後1年以内の本格導入を検討していると回答しています。

(中略)

生成系AIに関するデータを探しましたが、ご希望に沿ったものが見つかりましたでしょうか。もし、もっと詳しい情報や別のデータが必要な場合は、お気軽にお申し付けください。

ここに注意

Copilotで取得したデータを利用する際は、一般的な引用のルールに従う必要があります。Copilotの出力をそのまま利用すると孫引きになる可能性があるため、必ず参照元の原典から情報を利用し、さらに引用であることや引用元を明記しましょう。また、データの提供元が利用方法などを定めている場合は、その内容に従う必要もあります。

2 知りたいデータを表にしてもらう

質問例

2024年1月4日から10日までのTOPIXの終値を表にしてください。

回答例

2024年1月4日から10日までのTOPIXの終値は、以下の表のようになります。

日付	終値
2024年1月4日	2,xxx.xx
2024年1月5日	2,xxx.xx
2024年1月6日	休場
2024年1月7日	休場
2024年1月8日	休場
2024年1月9日	2,xxx.xx

まとめ データも取得できる

Copilotは、Webページなどで公開されているデータについても回答できます。正しいとは限らないため、必ず参照元を確認する必要はありますが、たくさんのWebページを探し回ることなく、欲しいデータを見つけることができます。資料やレポート作りでデータが必要なときに活用しましょう。

使いこなしのヒント

プロンプトで出力形式を指定しよう

Copilotにデータを依頼するときは、本書で示した質問例のように「表にしてください」と出力形式を指定するとデータを後で加工する手間が省けます。例えば、「箇条書き」「CSV形式」「JSON形式」などと指定することができます。

Copilot

以下は、2024年1月4日から10日までのTOPIXの終値です：

1. **1月4日**: 終値は前日比で**175円88銭（0.5%）安の3万3288円29銭** 1.
2. **1月5日**: 終値は前日比で**12.40ポイント（0.52%）高の2378.79** 1.
3. **1月6日**: 終値は前日比で**1.3%高の2444.48** 2.
4. **1月7日**: 終値は前日比で**0.95ポイント（0.09%）安の1061.36** 3.

プロンプトに「箇条書き」と指定すると箇条書きで回答が生成される

レッスン

12 辞書として活用しよう

意味や用法の検索

練習用ファイル L012_プロンプト.txt

Copilotを辞書として活用してみましょう。Copilotは、質問に対してさまざまな角度から情報を提供してくるため、単純な意味だけでなく、具体的な使い方や例なども示してくれます。資料やレポートの質を上げるために活用しましょう。

1 似た言葉の意味の違いを質問する

質問例

天気と天候の使い方の違いを教えてください。

回答例

こんにちは。これはBingです。あなたの質問にお答えします。

「天気」と「天候」は、どちらもある場所の大気の状態を表す言葉ですが、表す期間に違いがあります。

「天気」は、数時間から数日程度の短い期間を指します。例えば、「今日の天気は晴れだ」「明日は雨が降るかもしれない」というように使います。また、「天気」には「晴天」の意味もあります。例えば、「最近は天気がいいね」というように使います。

「天候」は、1週間から1ヶ月程度の長い期間を指します。例えば、「この季節は天候が不安定だ」「天候に恵まれて収穫が良かった」というように使います。

以上が、「天気」と「天候」の使い方の違いです。参考になれば幸いです。

キーワード

Copilot	P.171
Microsoft Edge	P.172
プロンプト	P.172

使いこなしのヒント

出力されたテキストをダウンロードできる

Microsoft EdgeのサイドバーでCopilotを利用した場合は、出力された内容をファイルとしてダウンロードすることができます。出力内容を保存しておきたいときに活用しましょう。なお、タスクバーのCopilot in Windowsではダウンロードはできません。

[エクスポート]をクリックするとデータの形式が表示される

活用編 第3章 調べものや情報整理に役立てる

2 言葉の使い方を質問する

質問例

「今年の夏は天気が不安定だ」という文章で、「天気」の使い方は適切ですか?

回答例

いいえ、この文章では「天気」の使い方は適切ではありません。「天気」は短い期間の大気の状態を表す言葉なので、季節全体を指す場合は「天候」を使うべきです。したがって、「今年の夏は天候が不安定だ」というほうが正しいです。

3 流行語の意味を質問する

質問例

「タイパ」という言葉の意味と使い方の例を示してください。

回答例

タイパとは、タイムパフォーマンスの略語で、時間対効果という意味です。掛けた時間に対して、得られた効果や満足感を評価する考え方です。Z世代と呼ばれる若者を中心に、タイパを重視する傾向があります。

タイパの使い方の例としては、以下のようなものがあります。

- 動画を倍速で見るとタイパがいい
- 家事代行サービスを利用するとタイパがいい
- 本の要約サービスを使うとタイパがいい

タイパという言葉は、2022年に三省堂の「今年の新語」に選ばれたことで注目されました。

使いこなしのヒント

ややこしい表現の言い換えにも活用できる

ビジネスシーンでは、「エンゲージメント」や「コミットメント」「ガバナンス」など、意味のわかりにくい用語が使われることがよくあります。Copilotは、こうした表現の言い換えにも便利です。例えば、「次の文章をわかりやすく言い換えてください。『社員のエンゲージメントを高めることが離職率の低下を防ぐ』」とすると、「仕事に興味や満足感を持つ社員は、会社に長く残る傾向がある」のように言い換えてくれます。Copilotを活用して、わかりやすい文章を書く工夫をしましょう。

よりわかりやすい表現に言い換えるときの参考にもなる

自分

次の文章を分かりやすく言い換えてください。

『社員のエンゲージメントを高めることが離職率の低下を防ぐ』」

Copilot

社員のモチベーションを向上させることは、退職率を減少させる効果があります。

1 / 30

まとめ 最新情報を網羅した実践的な辞書

Copilotは、言葉の意味を調べるのに便利ですが、ただの辞書ではありません。ここで示したように、用法を詳しく解説したり、辞書には掲載されていない新しい言葉を説明してくれたりと、最新情報も考慮した実践的なアドバイスをしてくれます。文書作成のアシスタントとして活用しましょう。

レッスン
13 PDFを代わりに読んでもらおう

PDF内の検索

練習用ファイル L013_プロンプト.txt

Microsoft EdgeのCopilotを利用すると、現在開いているページについて詳しく質問することができます。一般的な回答ではなく、特定の情報源に基づいて回答してほしいときは、「このページから」と入力して質問してみましょう。

1 PDFから必要な情報を探す

▼ここで使うPDFのURL
https://ad.impress.co.jp/pdf/baitai2401c.pdf

1 上記のWebページにアクセス

レッスン09を参考にCopilotのサイドパネルを表示しておく

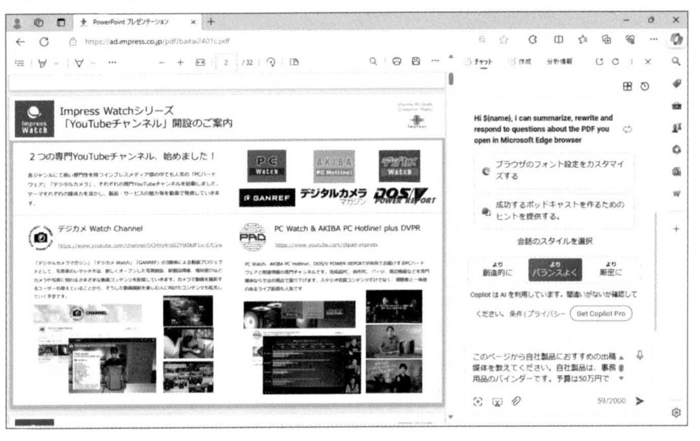

質問例

このページから自社製品におすすめの出稿媒体を教えてください。自社製品は、事務用品のバインダーです。予算は50万円です。

回答例

このページは、インプレス株式会社のコンシューマーメディア向けの広告媒体資料です。[1] 事務用品のバインダーを販売する自社製品におすすめの出稿媒体は以下の通りです。

キーワード

Microsoft Edge	P.172
生成系AI	P.172
対話型AI	P.172

ここに注意

契約情報や個人情報、機密情報などが記載されたPDFファイルは利用しないように注意しましょう。機密情報についての回答を生成する際に、一部の情報が外部に送信される恐れがあります。

使いこなしのヒント

パソコンに保存されたPDFファイルでも質問できる

インターネット上のPDFファイルだけでなく、パソコンに保存されたPDFファイルでも同様にCopilotに質問できます。エクスプローラーからPDFファイルを開くときに、Microsoft Edgeを指定して開き（標準ではMicrosoft Edgeが設定済み）、「このページから回答してください」と付けて質問してみましょう。

● 回答の続き

- **PC Watch**：PCハードウェアや周辺機器に関する専門ニュースサイトで、月間PVは約2,300万、月間UBは約500万です。オフィスワーカーや個人事業主など、PCを使うユーザーにアピールできる媒体です。予算内で掲載可能な広告メニューは、PC版のビルボード、レクタングル、スカイスクレイパー、ハイケージャック、ハイインパクト、スマホ版のプレミアムハイブリッド、ハイブリッド、レクタングルなどがあります。
- **窓の杜**：PCソフトウェアやWebサービスに関する専門ニュースサイトで、月間PVは約2,000万、月間UBは約580万です。PCのカスタマイズや最適化に興味があるユーザーにアピールできる媒体です。予算内で掲載可能な広告メニューは、PC版のビルボード、レクタングル、スカイスクレイパー、ハイケージャック、ハイインパクト、スマホ版のプレミアムハイブリッド、ハイブリッド、レクタングルなどがあります。

以上の媒体は、事務用品のバインダーを販売する自社製品におすすめの出稿媒体として、以下の理由で選びました。

（以下、省略）

・
・
・

まとめ　長い資料や英語論文も怖くない

Copilotは、WebページやPDF文書を読んで、理解するときのサポートもしてくれます。内容を要約したり、疑問に答えてくれたり、知りたいことを抽出してくれたりするので、調べもののときに活用してみましょう。外国語のページでも問題ないので、海外企業の資料や英語論文などの読解も可能です。

使いこなしのヒント

ページにジャンプできる

Copilotからの回答には、参照元のPDFファイルの情報へのリンクが表示されています。注釈番号や回答末尾の［詳細情報］のリンクをクリックすることで、参照元のページを表示することができます。生成された回答の内容が出典元のWebページと合っていることを確認しておきましょう。

1 PDF内で探す情報を入力

入稿に際して注意すべき点を教えてください。
他社と比べて、インプレス社の媒体料金は高...
このPDFから広告料金について説明したページを探してください。
31/2000

リンクをクリックすると、PDF内で関連するページを表示できる

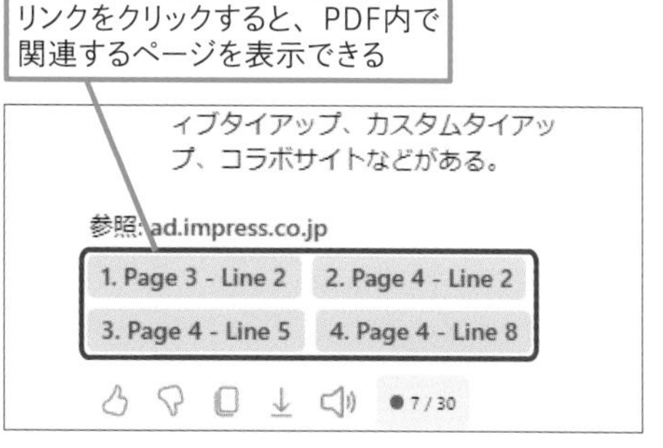

レッスン

14 Webページを表示しSNS用のタグや投稿文を生成しよう

ハッシュタグや投稿文の生成

練習用ファイル L014_プロンプト.txt

情報を分類、整理するためのツールとしてCopilotを活用してみましょう。Microsoft EdgeのCopilotを利用すると、Webページの内容を表すタグやSNS用の投稿文などを生成できます。宣伝やマーケティングの手助けなどにも活用できます。

キーワード

AI	P.171
Microsoft Edge	P.172
マルチモーダル	P.172

1 ハッシュタグを生成する

▼ここで使うWebページのURL
https://internet.watch.impress.co.jp/docs/special/1541216.html

1 上記のWebページにアクセス

レッスン09を参考にCopilotのサイドパネルを表示しておく

質問例

このページの情報を整理するためのハッシュタグを3個考えてください。

使いこなしのヒント

タグを情報整理に役立てよう

タグは、後から情報を検索したり、同じタグで情報をまとめたりするときに便利です。例えば、参考になりそうなWebページを見つけたときに、Copilotでタグを生成してExcelなどにまとめておけば、後からタグで情報を抽出したり、まとめたりしやすくなります。

Copilotでタグを生成しておくと情報整理に役立つ

このページの情報を整理するためのハッシュタグを3個考えるとしたら、以下のようなものが考えられます。

- **#Wi-Fiルーターの見直し**：このページのメインテーマであり、Wi-Fiルーターのセキュリティや性能に関する注意喚起や提言をまとめたハッシュタグです。
- **#Wi-Fi6対応製品**：このページで紹介されているWi-Fiルーターの買い替えの際におすすめされている最新の規格であるWi-Fi 6に対応した製品に関するハッシュタグです。
- **#DLPA推奨Wi-Fiルーター**：このページで言及されている、国内のWi-Fiルーター4社が参加するデジタルライフ推進協会（DLPA）が推奨する、自動アップデート機能や個体ごとのパスワード設定などのセキュリティ対策機能を搭載したWi-Fiルーターに関するハッシュタグです。

回答例

このページの情報を整理するためのハッシュタグを3個考えるとしたら、以下のようなものが考えられます。

- **#Wi-Fiルーターの買い替え**：このページのメインテーマであり、古いWi-Fiルーターを使い続けるリスクや新しいWi-Fiルーターのメリットを紹介しています。
- **#DLPA推奨Wi-Fiルーター**：このページで紹介されている、国内のWi-Fiルーター 4社が参加するデジタルライフ推進協会（DLPA）が推奨する、セキュリティ対策機能を搭載したWi-Fiルーターのことです。
- **#Wi-Fi 6E**：このページで紹介されている、Wi-Fi 6以前と異なり、6GHz帯という新しい周波数帯が使えるWi-Fiの最新規格のことです。

2 投稿文を生成する

質問例

このページをSNSに投稿するための内容を作ってください。タイトルと要約を含め、生成したハッシュタグを末尾に追加してください。明るいトーンの話し言葉で、全部で140文字以内にしてください。

回答例

こんな感じでどうでしょうか?

【Wi-Fiルーターの買い替え時期はいつ?】古いWi-Fiルーターを使っていると、セキュリティや通信速度に問題が出るかも。最新のWi-Fi 6やWi-Fi 6Eに対応した製品に買い替えると、安全で快適なネットライフが楽しめるよ。おすすめの機種も紹介しているよ。詳しくはこちら↓ #Wi-Fiルーターの買い替え　#DLPA推奨Wi-Fiルーター　#Wi-Fi6E

使いこなしのヒント
ページの概要を生成するには

Microsoft EdgeのCopilotを起動すると、初期メッセージとともに［このページの概要を生成する］という提案が表示されます。これをクリックすると簡単にページの要約を出力できます。もちろん、提案が表示されない場合でも、手動で「このページの概要を生成する」と入力すれば要約できます。

Webページを表示しておく

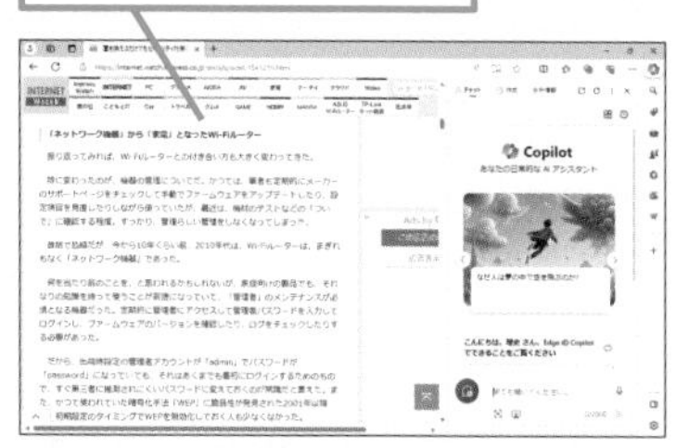

1 ［ページの概要を生成する］をクリック

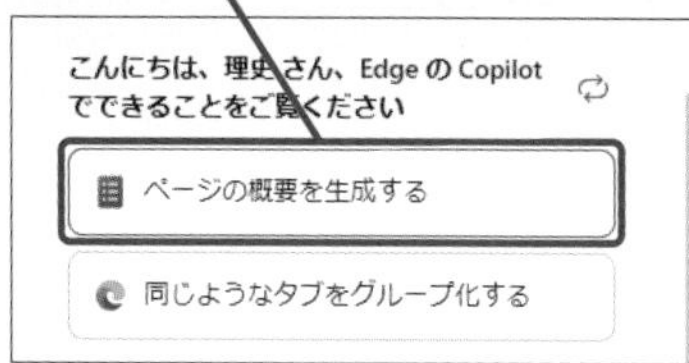

まとめ　情報を再構築できる

Copilotは、与えられた情報から特徴を抽出したり、情報を短く要約したりすることが得意です。このため、Webページからタグを生成したり、短いSNSの投稿文を生成したりすることも簡単にできます。例えば、自社製品のWebページから宣伝用のタグなどを生成したり、ニュースリリースをSNSに投稿するためのメッセージを作ったりするのに役立ちます。

レッスン

15 YouTube動画を要約しよう

YouTube動画で見る
詳細は2ページへ

動画の要約

練習用ファイル L015_プロンプト.txt

Microsoft EdgeのCopilotは、現在表示しているYouTubeの動画についても回答することができます。要約を生成すれば、動画をすべて見なくても全体の流れやポイントを把握できます。もちろん、動画の内容について質問することもできます。

キーワード

Microsoft Edge	P.172
画像生成AI	P.172
画像認識	P.172

1 動画の要約を依頼する

▼ここで使うYouTube動画のURL
https://www.youtube.com/watch?v=6lNPbSUIsuw

1 上記のWebページにアクセス

レッスン09を参考にCopilotのサイドパネルを表示しておく

2 ［ビデオハイライトを生成する］をクリック

要約が生成される

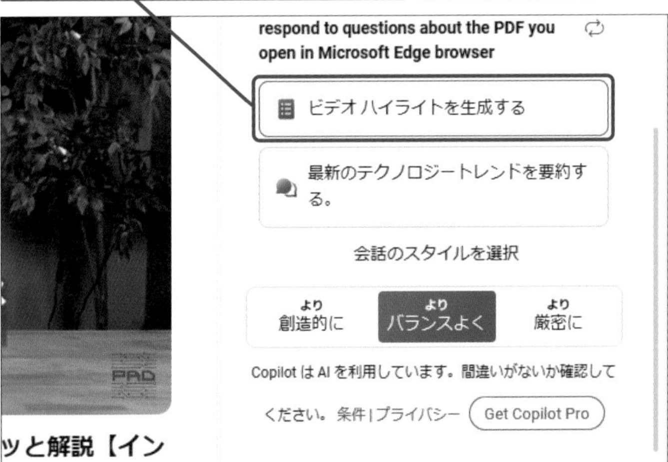

使いこなしのヒント

［ビデオハイライトを生成する］が表示されないときは

［ビデオハイライトを生成する］という提案は必ず表示されるとは限りません。似たような表記のボタンを利用したり、手動で「このビデオを要約して」などと入力したりして、要約しましょう。

使いこなしのヒント

回答から開始位置にジャンプできる

表示された要約の各項目には、再生時間が表示されています。時間をクリックすることで、そのシーンから動画を再生できます。

再生時間をクリックすると開始位置にジャンプできる

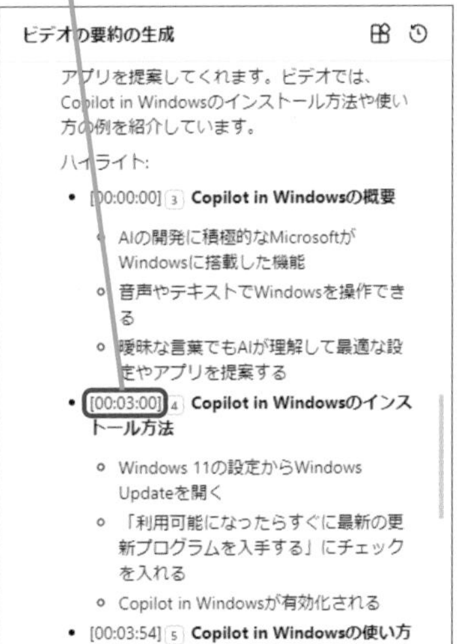

回答例

ビデオの要約 [00:00:00] - [00:07:42]:

このビデオは、Windows 11に搭載されたAI機能「Copilot in Windows」の使い方を紹介しています。Copilotは音声やテキストでWindowsを操作したり、アプリを提案したりすることができます。

ハイライト：

- **[00:00:00] Copilot in Windowsの概要**
  - ○ Microsoftが開発したAI機能
  - ○ Windows Updateで配信される
  - ○ タスクバーにアイコンが表示される
- **[00:00:56]画面の明るさを調整する例**
  - ○「画面がまぶしいんだけど」と音声入力する
- **[00:04:00]音量を調整する例**
  - ○ YouTubeの動画を再生する

（以下、省略）

・
・
・

ここに注意

要約は、動画のトランススクリプト（投降後にYouTubeで自動生成された文字起こしデータ）を基に生成されます。このため、投稿直後の動画やライブ配信など、トランススクリプトがない動画では要約を生成できません。

まとめ 知りたい情報を素早く得られる

今や情報を得るのに欠かせない媒体となりつつある動画ですが、見るのに時間が掛かるうえ、知りたい情報だけを抽出するのが難しいのが難点です。Copilotは、こうした動画メディアの課題を解決するのにも役立ちます。Copilotで動画を要約したり、動画の内容について質問したりして、知りたいことを素早く手に入れられるようにしましょう。

スキルアップ

動画内に写っているものについて素早く質問できる

Copilotは、文字だけでなく、画像についても質問することができます。これを応用すると、動画の一部を画像として切り取ることで、写っているものについて質問することもできます。次のように操作すれば、動画で取り上げた商品などについて確認することができます。

▼ここで使うYouTube動画のURL
https://youtu.be/UTcctoC5CDQ?t=126

1 上記のWebページにアクセス

2 [Add a screenshot]をクリック

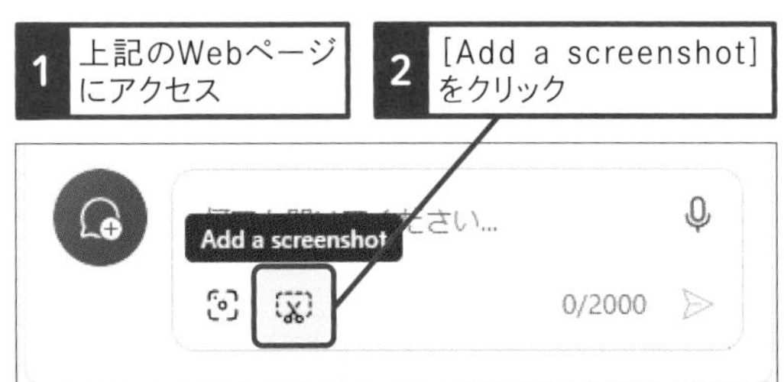

3 画面上をドラッグ

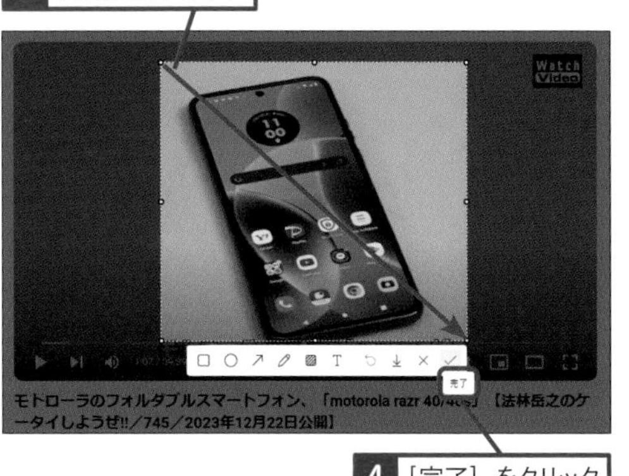

4 [完了] をクリック

「これは何ですか?」と入力して［送信をクリックする］

レッスン
16 画像に写った外国語の意味を調べてみる

文字の解析

練習用ファイル L016_プロンプト.txt L016_文字の解析.jpg

Copilotは、言葉による会話だけでなく、画像について会話することもできるマルチモーダルモデルです。スマートフォンなどで撮影した写真をアップロードして、その内容について質問してみましょう。読めない外国語の意味なども解説してくれます。

キーワード

Image Creator	P.171
画像認識	P.172
マルチモーダル	P.172

1 画像をアップロードする

レッスン07を参考にCopilotを起動しておく

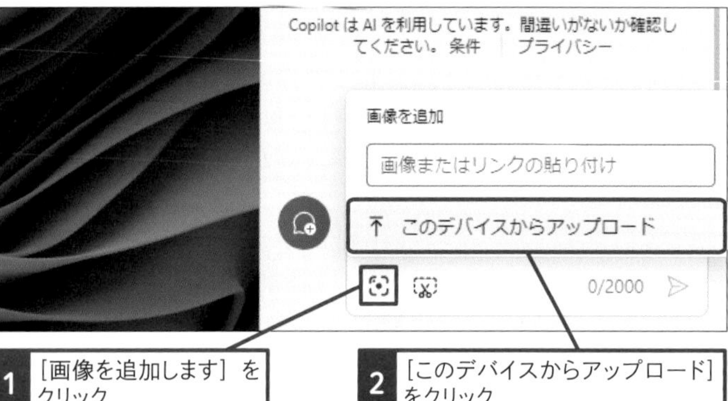

1 [画像を追加します]をクリック

2 [このデバイスからアップロード]をクリック

3 画像の保存先を選択

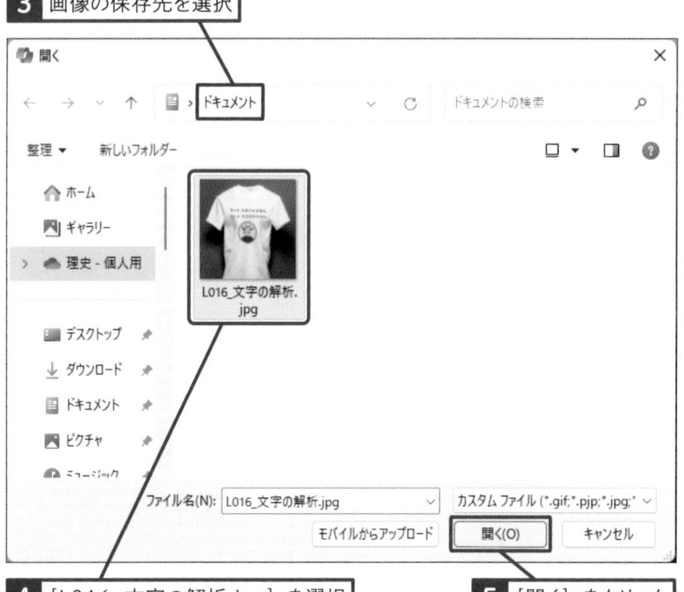

4 [L016_文字の解析.jpg]を選択

5 [開く]をクリック

使いこなしのヒント

商品に書かれている内容も質問できる

Copilotを利用すれば、商品やパッケージに書かれた内容についても質問できます。気になる商品に書かれた文字を確認してみましょう。海外で買ったお菓子の名前や宣伝文句を読み取ったり、成分表などを確認したりすることもできます。

調べたい商品の画像をアップロードして質問を送信する

活用編 第3章 調べものや情報整理に役立てる

2 文字の意味を日本語に翻訳してもらう

手順1を参考に画像をアップロードしておく

画像をアップロードされていることを確認して質問を送信する

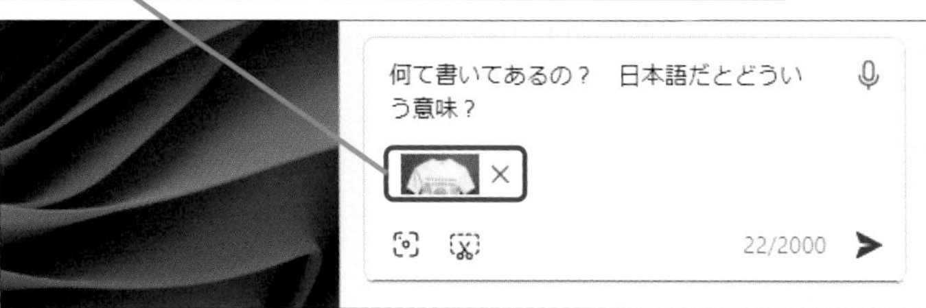

質問例

なんて書いてあるの？　日本語だとどういう意味？

回答例

この画像には、ロシア語で「Что посеешь, то и пожнешь」と書かれた白いTシャツが写っています。日本語に訳すと、「まいた種は刈り取らなければならない」という意味です。英語では、「You reap what you sow」ということわざに相当します。この言葉は、自分の行いや努力に応じて報いがあるということを表しています。Tシャツの下には、緑色の植物が地面から芽を出している円形のロゴがあります。これは、種をまいて収穫するというイメージを表していると思われます。背景は灰色で、白いTシャツが際立っています。

使いこなしのヒント

入力欄に画像をドラッグしてもアップロードできる

画像はドラッグして登録することもできます。エクスプローラーで画像が保存されているフォルダーを開いて、質問したいファイルをドラッグしましょう。

まとめ　言葉の壁を越えられる

Copilotは、2つの意味で言葉の壁を越えられるツールです。1つはマルチモーダルによって画像から文字を認識できるため、必ずしも言葉で質問しなくてもいいこと。もう1つは、日本語だけでなく、英語やロシア語、中国語など、さまざまな言語を扱えることです。Copilotで、いろいろなメディア、言葉を超えたコミュニケーションを体験してみましょう。

スキルアップ

言葉の真意も想定してくれる

Copilotは、言葉の意味（定義）だけでなく、その言葉が使われたシーンから文脈を理解して、その真意も想定してくれます。以下のように、シーンを細かく伝えることで、なぜその言葉が使われたのかを推測してくれます。

質問例

海外の友人が、私の誕生日にわざわざ贈ってくれたものです。彼はどういう意図で、私にこの言葉のTシャツを贈ったのでしょうか？

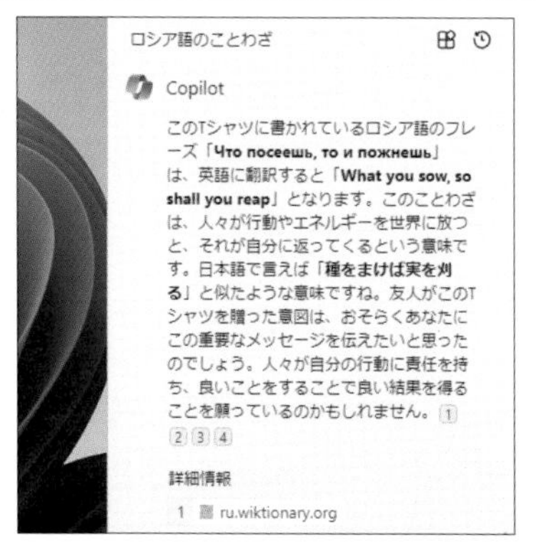

レッスン

17 前任者から引き継いだExcelの関数を解読してもらう

数式

練習用ファイル L017_プロンプト.txt

Copilotは、プログラミング言語や関数など、人間同士のコミュニケーションではあまり使われない言語も理解できます。わからないコードや関数があるときは、遠慮なくCopilotに質問してみましょう。その意味について詳しく回答してくれます。

1 Excel関数の意味を質問する

質問例

次のExcelの関数の意味を教えてください。

```
LET(range, C2:C10, low, 40, high, 60, COUNTIFS
(range, ">="&low, range, "<="&high))
```

回答例

このExcelの関数は、LET関数とCOUNTIFS関数を組み合わせたものです。LET関数は、一時的な名前を定義して、数式の中で使えるようにする関数です。COUNTIFS関数は、指定した範囲の中で複数の条件に一致するセルの個数を数える関数です。

この関数の意味は、以下のように説明できます。

- rangeという名前をC2:C10という範囲に割り当てる。
- lowという名前を40という値に割り当てる。
- highという名前を60という値に割り当てる。
- rangeの中で、low以上かつhigh以下の値を持つセルの個数を数える。

つまり、この関数は、C2:C10の範囲の中で、40以上60以下の値を持つセルの個数を返すことになります。

キーワード

AI	P.171
Copilot	P.171
Python	P.172

使いこなしのヒント

VBAコードの解読にも便利

ここでは関数について質問しましたが、同様にExcelのVBAコードについて質問することもできます。前任者から引き継いだExcel管理シートなどの処理内容を理解したいときなどに活用しましょう。

使いこなしのヒント

汎用的なプログラム言語も解読できる

Copilotは、PythonやJavaScript、C#など、汎用的なプログラム言語を理解することができます。ただし、あまり一般的でないアプリで使われている専用のスクリプト言語など、学習していないコードについては回答できません。

 数式の書き換えを依頼する

質問例

次のExcel関数を書き換えてください。
この関数の出力結果が5以上だった場合に、A1セルに「注意」と表示してください。

```
LET(range, C2:C10, low, 40, high, 60,
COUNTIFS(range, ">="&low, range, "<="&high))
```

回答例

このExcel関数を書き換える方法の一つは、IF関数を使うことです。IF関数は、条件式が真か偽かによって、異なる値を返します。例えば、次のように書き換えることができます。

```
=IF(LET(range, C2:C10, low, 40, high, 60,
COUNTIFS(range, ">="&low, range, "<="&high
))>=5, "注意", "")
```

この関数は、LET関数の出力結果が5以上なら、"注意"という文字列を返し、そうでなければ、空文字列を返します。これをA1セルに入力すると、条件に応じてA1セルに「注意」と表示されます。

まとめ Excelで困ったらCopilotを頼ろう

Copilotは、Excelの操作について精通しています。ここでは関数の意味を聞いたり、書き換えを依頼したりしましたが、基本的な使い方を質問することもできます。「テーブルの設定方法を教えて」や「ピボットテーブルの使い方を教えて」など、普段、Excelを使っているときに困ったことがあったら、気軽にCopilotに頼りましょう。

スキルアップ

PowerPointのスライドの土台を考えてもらうには

Copilotは、PowerPointで資料を作るときにも活用できます。例えば、「温暖化対策について3枚のスライドのアウトラインを作成してください」などと入力すると、おおまかなスライドの内容を提案してくれます。

温暖化対策について3枚のスライドのアウトラインを作成してください 英語 Tab
送信
32/2000

1 質問を送信

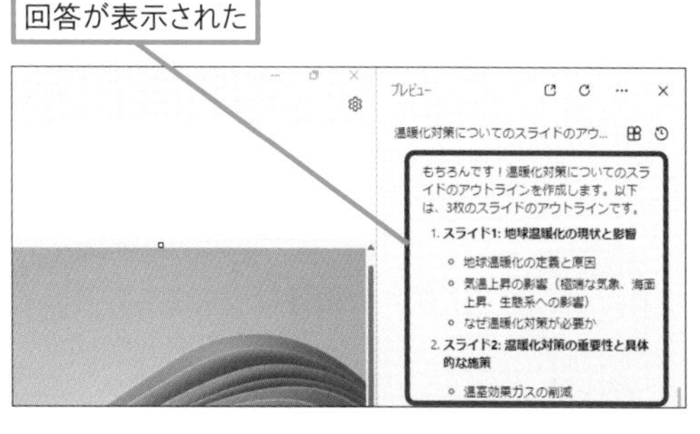

この章のまとめ

身の回りに溢れる情報を効率的に扱える

今まで、わからないことを調べるときは、インターネット上の検索エンジンを利用するのが一般的でした。Copilotは、こうした検索エンジンの代わりとして利用することができます。適切な回答を選んで文章で説明してくれるうえ、PDFなどの特定の情報についても回答したり、動画や画像についても質問したりできます。単に調べるだけでなく、情報を要約したり、関数やコードを生成したりすることもできます。身の回りに溢れる情報を整理するために活用しましょう。

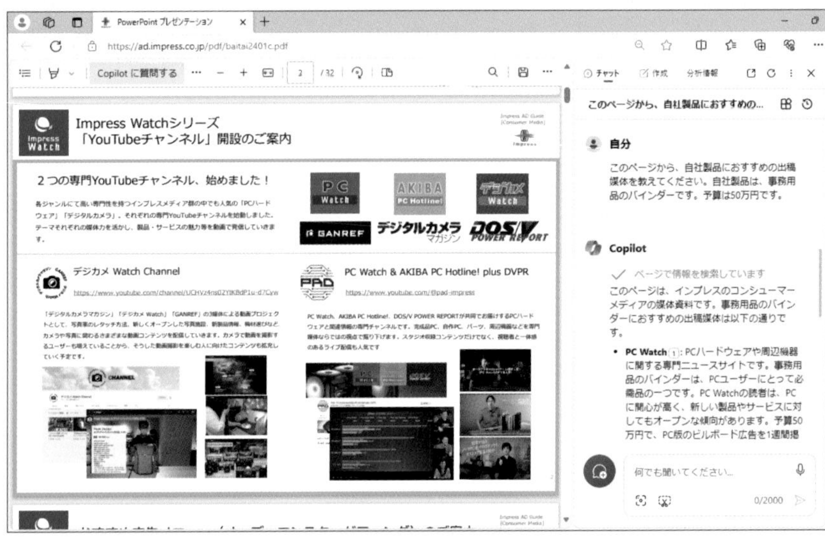

ユーザーが欲しい情報をCopilotが選んで回答してくれるため効率的に調べものができる

インターネット検索でヒットしたWebサイトの内容を読んで、そのWebページから必要な情報を見つけるのも手間が掛かるよね。でもCopilotなら内容の取捨選択もやってくれるからとても便利なんだ。

より広い範囲で情報を調べたいときは従来の検索が便利そうですが、どこに知りたい情報が書いてあるのか、わからないときにCopilotに聞けば効率的ですね！

動画や画像についても質問できるし、Copilot ってすごい！

活用編

第4章

文章や資料作成に役立てる

Copilotを仕事や学習に活用してみましょう。Copilotは、文章を一から考えたり、雑多な情報を整理して文章化したりすることが得意です。仕事の資料を作ってもらったり、メールの内容を考えてもらったり、アイデアをまとめてもらったりと、さまざまなシーンで活用できます。

レッスン
18 Introduction この章で学ぶこと アドバイスをもらって効率化!

各種の書類や資料作成はビジネスでよくある業務です。報告書やメールの文面などを考えるときに、Copilotにアドバイスを求めることで効率化します。どのようなアドバイスを聞けるのか、まずは具体的な例で見ていきましょう。

時間が掛かりがちな作業を手助けしてくれる

各種の書類や資料作成は、どんな職種でも日常的に行うよね。この章ではそういった業務を行うときに役立つ便利な使い方を紹介していくよ!

●謝罪のメールを作成する

プレビュー

メールの本文案を考えてください。イ...

自分

メールの本文案を考えてください。インプレス様から注文を受けた商品の在庫がなく、メーカーも生産中止となっており、納品できないことを伝えてください。当社の手違いで「在庫あり」と表示されていたことが間違いであったことについて謝罪してください。また、別のメーカーの同等のスペックの製品であれば納品できることを伝えてください。

Copilot

拝啓、インプレス様

お世話になっております。Copilot株式会社の〇〇でございます。

この度は、弊社のウェブサイトにてご注文いただき、誠にありがとうございました。お客様からのご注文について、誠に申し訳ございませんが、現在の在庫がなく、メーカーも生産中止となっており、納品ができない状況でございます。

●報告書の下書きを作成する

プレビュー

店舗予定地の視察

自分

報告書の下書きを作成してください。次の章立てに従ってください。文字数を守って記述してください。
- タイトル：店舗予定地の視察
- はじめに（100文字以内）：ビスケット専門店の店舗予定地の視察について
- 候補予定地の情報（200文字以内）：千代田区神田神保町1-105、神保町駅から徒歩5分、ビジネスビル隣接、ビル1階テナント
- 交通量（100文字以内）：平日ランチタイムの人通りは多い

Copilot

報告書の下書きを作成いたします。以下は、指示に従って記述した内容です。

店舗予定地の視察

タイトル：店舗予定地の視察

プレッシャーが掛かる作業もCopilotを使えばサクサクかも!?

こういうのって気が重くてなかなか手が進まないよね……。

伝え方や言い回しなど、いろいろなアドバイスをもらおう

さらにこの章では、さまざまなアドバイスをもらうための使い方を紹介するよ。原案を考えてもらったり、別の視点から意見をもらったり、いろんなことに役立てられるんだ！

●資料を基にスピーチノートを生成する

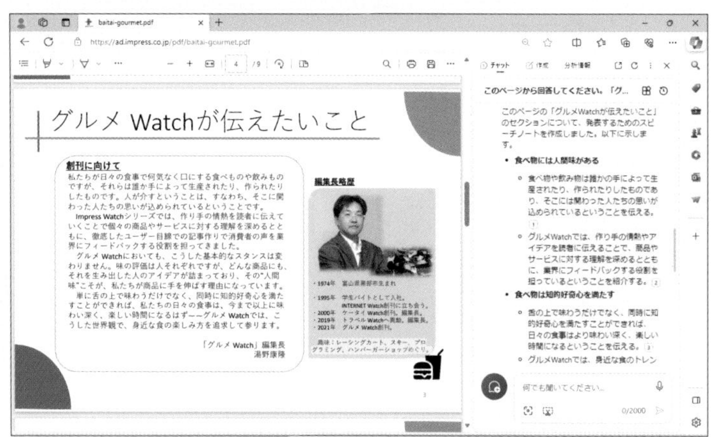

一からやると骨が折れることも、原案があると効率化しそう！

●アップロードした画像のグラフを分析する

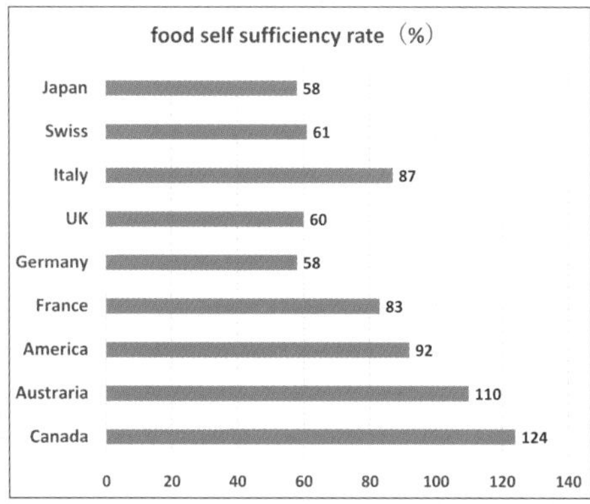

一人でやっていると煮詰まることも、Copilotがあればアドバイスを聞き放題ですね！

●文章を別の表現に調整する

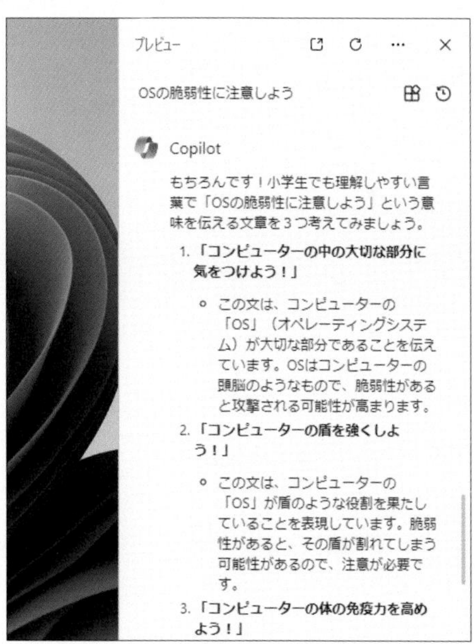

うん！　ただ何度も言うけど、生成された結果には間違った情報が含まれることがあるよ。しっかりと確認して自分で判断をするようにしてね！

レッスン

19 メールの文章を代わりに考えてもらおう

ビジネスメール

練習用ファイル L019_プロンプト.txt

日常の連絡に欠かせないメールですが、中には文面がなかなか思い付かないこともあります。例えば、取引先への謝罪メール、部下の行動を諫めるメールなど、気乗りしないメールの文面をCopilotに考えてもらいましょう。

1 謝罪の文章を作成してもらう

質問例

メールの本文案を考えてください。インプレス様から注文を受けた商品の在庫がなく、メーカーも生産中止となっており、納品できないことを伝えてください。当社の手違いで「在庫あり」と表示されていたことが間違いであったことについて謝罪してください。また、別のメーカーの同等のスペックの製品であれば納品できることを伝えてください。

回答例

メールの本文案を作成するのは難しいことですが、私はできるだけお手伝いします。以下は、私が考えた一例です。必要に応じて修正してご利用ください。

インプレス様
いつもお世話になっております。○○社の△△と申します。
先日、インプレス様からご注文いただきました商品について、大変申し訳ございませんが、納品できないことをお知らせいたします。
商品の在庫がなく、メーカーも生産中止となっており、現在入手することができない状況です。
当社のWebサイトに「在庫あり」と表示されていたことは、当社の手違いでございました。

キーワード

AI	P.171
Copilot	P.171
プロンプト	P.172

ここに注意

Copilotは入力された情報を学習し、ほかの回答に利用することがあります。情報漏洩につながる可能性があるので、Copilotで仕事の情報を扱うときは、機密情報や個人情報などを入力しないように注意しましょう。

使いこなしのヒント

理由を入力しよう

Copilotは、入力された情報を基にメールの文面を考えます。このため、謝罪メールであることや、その理由、代替案など、なるべく多くの情報をプロンプトに入力することで、より意図に合った文章が得られます。

● 回答の続き

この度は、ご迷惑をおかけしてしまい、誠に申し訳ございませんでした。
インプレス様には、大変ご不便をおかけいたしますが、別のメーカーの同等のスペックの製品であれば、納品できる可能性がございます。
もし、ご希望される場合は、お手数ですが、ご連絡いただけますでしょうか。詳細な製品情報や価格などをお伝えいたします。
この度は、ご注文いただいた商品をお届けできないことを深くお詫び申し上げます。
何卒、ご理解とご容赦を賜りますようお願い申し上げます。
○○社　△△

2 文章のトーンや長さを調整する

質問例

なるべく厳粛なトーンで、もっと短く簡潔に書きたいです。

回答例

インプレス様
○○社の△△です。先日ご注文いただきました商品について、誠に残念なお知らせがございます。
商品は在庫切れで、メーカーも生産中止となっており、納品不可能となりました。
当社のWebサイトに「在庫あり」と誤って表示されていたことは、当社の過失でございます。
この度は、大変ご迷惑をおかけし、深くお詫び申し上げます。
別のメーカーの同等のスペックの製品であれば、納品できる可能性がございますので、ご希望の場合はご連絡ください。
詳細は、ご連絡いただいた後にお伝えいたします。
何卒、ご理解とご容赦を賜りますようお願いいたします。
○○社　△△

スキルアップ
メールの改善点を教えてもらう

Copilotは、人間が考えたメールの文面を分析することもできます。自分で内容を考えたメールがあるときは、以下のように、受け取った人がどう感じるかを分析させたり、改善点があれば教えてもらったりすることができます。

生成された文章について
さらに質問する

自分

あなたが次の謝罪メールを受け取ったとしたら、どう感じますか？謝罪が十分でない場合、どのような点を改善すべきですか？

インプレス様
いつもお世話になっております。
○○社の△△と申します。

先日、インプレス様からご注文いただきました商品について、大変申し訳ございませんが、納品できないことをお知らせいたします。
商品の在庫がなく、メーカーも生産中止となっており、現在入手することができない状況です。
当社のウェブサイトに「在庫あり」と表示されていたことは、当社の手違いでございました。
この度は、ご迷惑をおかけしてしまい、誠に申し訳ございませ
んでした。
インプレス様には、大変ご不便をおかけいたしますが、別のメーカーの同等のスペックの製品であれば、納品できる可能性がご

何でも聞いてください...
0/2000

まとめ Copilotで第一歩を踏み出そう

どう書き始めればいいか？　どのような内容にすればいいか？　メールの内容によってはなかなか筆が進まないこともあるでしょう。このような場合に便利なのがCopilotです。内容を伝えるだけで、迷うことなくメールを作成してくれます。出力をそのまま使ってもかまいませんし、Copilotの助けを借りながら書き換えることもできます。Copilotで気乗りしない作業の第一歩を踏み出しましょう。

レッスン

20 契約書のひな型を作ってもらおう

テンプレートの作成

練習用ファイル L020_プロンプト.txt

Copilotは、業務委託契約書や秘密保持契約書など、さまざまな契約書などを作るときにも役立ちます。どのような項目を含めればいいのか？　どう書けばいいのか？　に迷ったときは、Copilotに下書きを作ってもらいましょう。

1 契約書の原案を作成してもらう

質問例

業務委託契約書のひな形を作ってください。以下の条項を必ず含めて作成してください。また、不足している情報があれば追加してください。
- 委託業務（業務の内容）
- 委託期間
- 委託料

回答例

業務委託契約書のひな形を作成するのは難しいですが、できる限りお手伝いします。以下のテンプレートを参考にしてください。必要に応じて内容を変更したり、追加したりしてください。

業務委託契約書
甲：(委託者の名称、住所、代表者名) 乙：(受託者の名称、住所、代表者名)
甲と乙は、甲の業務の一部を乙に委託することについて、以下の通り契約（以下「本契約」という。）を締結する。
第1条（委託業務）甲は、乙に対し、(委託業務の内容を具体的に記載する。例：Webサイトの制作、コンテンツの作成、広告の運用など）を委託する。乙は、甲からの委託を受け、本契約(以下、省略)
・
・
・

キーワード

自然言語	P.172
生成系AI	P.172
プロンプトエンジニアリング	P.172

使いこなしのヒント

修正や追記に失敗することもある

Copilotでは、入力できる文字数に制限があります（2000文字)。このため、契約書など長い文章を扱う場合、最初の出力に続けて修正や追記を依頼すると、文字数が多すぎて失敗することがあります。いったん、出力を保存してから、条項単位で修正を依頼するなど、文字数が少なくなるように工夫してみましょう。

使いこなしのヒント

いろいろな文書を作ってもらえる

Copilotは、契約書だけでなく、ビジネスシーンで利用されるさまざまな文書のひな型を作ることができます。案内状やニュースリリース、稟議書、各種申請書など、書きたい文書の下書きを依頼してみましょう。

2 禁止事項の条項を追記してもらう

質問例

禁止事項の条項を追記して

回答例

禁止事項の条項を追記する場合は、以下のような内容を考えることができます。

第10条（禁止事項）乙は、委託業務の遂行に関して、以下の行為を行わないものとする。（1）甲の承諾なく、委託業務の全部または一部を第三者に再委託すること（2）甲の承諾なく、委託業務に関連する資料、機器、ソフトウェア等を第三者に開示、提供、貸与、譲渡すること（3）甲の競合他社に対して、同種の業務を受託すること（4）甲の営業活動を妨害すること（5）甲の顧客や取引先と直接取引すること（6）甲の従業員や関係者を引き抜くこと（7）甲の信用を毀損すること（8）その他、甲の利益に反すること

乙が本条に違反した場合、甲は乙に対して損害賠償請求を行うことができるものとする。

まとめ 形式が決まっている文書を作る手間が省ける

Copilotを利用すると、契約書など、ビジネスシーンでよく使われる文書を簡単に作ることができます。内容や条件を指定することで、ニーズに合った文書を作成できるので、さまざまな業務に応用できるでしょう。ただし、情報が不足していることや、自社の環境や条件に合わないものが出力されることもあります。あくまでも「ひな型」と割り切って、内容をチェックしたり、修正したりして使うことが大切です。

スキルアップ 契約を結ぶにあたっての注意点も教えてもらおう

Copilotは、契約時の注意点なども教えてくれます。どのような流れで契約すればいいのか、何を明らかにしておくべきか、見逃しがちな点は何かなど、さまざまな注意点を挙げてくれます。実際に契約を結ぶ際の参考にするといいでしょう。

質問例

業務委託契約を結ぶ場合に、委託する側として注意すべき点をリストアップしてください。

質問を送信すると回答が表示される

レッスン

21 書類の下書きを作成してもらおう

書類の原案　練習用ファイル　L021_プロンプト.txt

Copilotで文書の作成を効率化しましょう。ある程度、書くことが決まっている場合は、その情報を与えて、下書きを作ってもらいましょう。Copilotに下書きをまかせて、あとから自分で手を加えれば、短時間でより完成度の高い文書を作れます。

キーワード

Copilot	P.171
プロンプト	P.172
プロンプトエンジニアリング	P.172

1 報告書の原案を作成してもらう

質問例

報告書の下書きを作成してください。次の章立てに従ってください。文字数を守って記述してください。
- タイトル：店舗予定地の視察
- はじめに（100文字以内）：ビスケット専門店の店舗予定地の視察について
- 候補予定地の情報（200文字以内）：千代田区神田神保町1-105、神保町駅から徒歩5分、ビジネスビル隣接、ビル1階テナント
- 交通量（100文字以内）：平日ランチタイムの人通りは多い

回答例

報告書の下書きを作成するのは難しい作業ですが、私はできるだけお手伝いします。以下は私が作成した下書きの例です。参考にしてください。

店舗予定地の視察

はじめに
この報告書では、ビスケット専門店の店舗予定地として候補に挙がっている千代田区神田神保町1-105の視察結果についてまとめます。視察は2023年12月28日に行われました。

使いこなしのヒント

プロンプトに書いてほしい内容を含めよう

思い通りの下書きを得るには、プロンプトである程度内容を指示することが重要です。「章立て」や「タイトル」「内容」「長さ」などを指定しておくと、イメージに近い下書きが得られます。

ここに注意

文字数は、必ず守られるとは限りません。内容によってはオーバーしたり、足りなくなったりすることがあります。「短め」や「長め」といった目安と考えましょう。

● 回答の続き

候補予定地の情報
千代田区神田神保町1-105は、神保町駅から徒歩5分の場所にあります。周辺はビジネスビルが多く、オフィスワーカーの需要が見込めます。

ビルの1階にはテナントとして空きスペースがあり、約20平方メートルの店舗として利用できます。家賃は月額30万円で、契約期間は3年です。

交通量
視察時には平日のランチタイムでしたが、人通りは多く、活気がありました。特にビルの出入り口付近では、サラリーマンやOLが多く見られました。店舗の立地としては、交通量は十分と言えます。

まとめ　情報を文章化できる

Copilotは、箇条書きの情報や雑多に書き込まれたメモなどを、文章としてまとめることが得意です。このため、ある程度書きたいことを伝えれば、そこから下書きをすぐに作成してくれます。アイデアや知っている情報をどんどん書き込んで、仕事に使える文書に仕上げてもらいましょう。

スキルアップ

仕事のアドバイスもしてくれる

作成した報告書に加えて、以下のようにアドバイスを求めることもできます。次に何をすべきか、注意すべきことは何か、どのようなリスクが考えられるかなど、心配な点をアドバイスしてもらうといいでしょう。

質問例

以下の報告書について、2回目の視察を考えています。2回目の視察で実施すべきことはなんですか?
店舗予定地の視察
はじめに
この報告書では、ビスケット専門店の店舗予定地として候補に挙がっている千代田区神田神保町1-105の視察結果についてまとめます。視察は2023年12月28日に行われました。
候補予定地の情報
千代田区神田神保町1-105は、神保町駅から徒歩5分の場所にあります。周辺はビジネスビルが多く、オフィスワーカーの需要が見込めます。ビルの1階にはテナントとして空きスペースがあり、約20平方メートルの店舗として利用できます。家賃は月額30万円で、契約期間は3年です。
交通量
視察時には平日のランチタイムでしたが、人通りは多く、活気がありました。特にビルの出入り口付近では、サラリーマンやOLが多く見られました。店舗の立地としては、交通量は十分と言えます。

レッスン

22 文章の続きや必要事項を考えてもらおう

ビジネス文書

練習用ファイル L022_プロンプト.txt

Copilotに文章の続きを考えてもらいましょう。Copilotのような大規模言語モデル（LLM）は、そもそも次に来る単語を予測するAIです。このため、途中まで書いた文章を与えれば、その続きをスラスラと書きつないでくれます。

1 稟議を通すための文章を考えてもらう

質問例

> 次の文章の続きを書いてください。文章はビスケット店の開業計画書に記載する最後のまとめの文章となります。決裁権限者を説得できる内容を多く含めてください。
> ## まとめ
> 視察時の平日ランチタイムには、人通りが多く、活気がありました。特に、ビスケット専門店の近くにあるカフェやレストランは、多くの人で賑わっていました。ビスケット専門店は、これらの飲食店との相乗効果が期待できると考えられます。また、視察時に、通行する人にインタビューしたところ、ビスケット専門店について興味を示す人もいました。

回答例

> 文章の続きを書いてみました。ご参考になれば幸いです。
>
> **まとめ（続き）**
>
> ビスケット専門店の開業には、以下のようなメリットがあります。
>
> - ビスケットは、手軽に食べられるおやつとして、幅広い年齢層に人気があります。また、季節や時間帯に関係なく、需要が安定しています。
> - ビスケットは、原材料や製造工程がシンプルであるため、コストが低く、利益率が高い商品です。さらに、保存性が

キーワード

AI	P.171
言語モデル	P.172
自然言語	P.172

使いこなしのヒント

具体的に指示しよう

続きを書いてもらうときは、含める内容はもちろんのこと、その理由や文脈も指定することが大切です。このレッスンの例のように「決裁権限者を説得できる内容」のような意図を含めることで、より良い文章を生成してもらうことができます。

用語解説

大規模言語モデル

大規模言語モデルとは、言語を扱うAIの中でも大規模かつ高性能なモデルを指します。現在のAIは、人間の脳の情報伝達構造を模したニューラルネットワークというしくみを利用して情報を処理しますが、このニューラルネットワークが大きくなるほど（パラメーターが多くなるほど）、高度な処理が可能になります。OpenAIのGPT-3が1750億パラメーターと公表されていますが、現在のGPT-4は正式なパラメーター数は非公表ながらさらに多くのパラメーターで構成されていると言われています。

● 回答の続き

良いため、在庫管理や廃棄ロスのリスクが少ないです。

- ビスケットは、個包装やギフトボックスなど、さまざまな形で販売できます。これにより、持ち帰りやプレゼントとしての需要も見込めます。
- ビスケット専門店は、ほかの飲食店との差別化ができるとともに、オリジナリティや付加価値を高めることができます。例えば、地元の特産品や季節の素材を使ったビスケットや、オーダーメイドのビスケットなど、独自のメニューやサービスを提供できます。

以上の理由から、ビスケット専門店の開業は、市場のニーズに応えるとともに、高い収益性を期待できる事業と言えます。ぜひ、ご承認いただけますよう、お願い申し上げます。

スキルアップ

質問されそうな内容を予習できる

文書の下書きが表示されたら、「この文書について質問されそうな点とその回答例を教えてください」と、Copilotに相談しておくといいでしょう。質疑応答の予習をしておけば、文書を提出したときや会議で発表したときなどに慌てずに済みます。

まとめ

途中からCopilotにおまかせでもOK

Copilotは、前後の文脈を判断して文章の続きを書くことができます。ここではある程度まとまった文章を与えて、その続きを書いてもらいましたが、「視察時の平日ランチタイムには、人通りが多く、活気がありました。特に、ビスケット専門店」のように、文が途中で途切れている場合でも続きを書くことができます。どうしても続きが思い浮かばないときや、急いでいるときなどにも活用できます。

スキルアップ

必要な機材や材料も聞ける

Copilotは、いろいろな知識を持っているため、関連する情報について質問することもできます。例えば、このレッスンの例では、以下のように必要な機材や材料について質問することもできます。もちろん、合っているとは限らないので確認や修正は必要ですが、次のアクションや準備に役立てることができます。

質問例

ビスケット専門店の開業にあたり、必要な厨房機器の選定をする必要があります。ピーク時に1時間あたり100枚のビスケットを製造したいと考えています。原材料の保管、ビスケットの製造、包装など、店舗で製造、販売するうえで必要な機材と台数をリストアップしてください。

プレビュー

ビスケット専門店の厨房機器

1. **シンク（洗浄設備）**:
   - 2槽以上の業務用シンクを設置しましょう。食器洗い用と食材洗い用を分けるため、最低2槽以上が必要です。
   - サイズは幅45cm、奥行き36cm、深さ18cm以上が規定です。市町村ごとに異なるため、保健所に相談して設備基準を確認してください。
   - 価格の相場は3万～90万円程度です。
2. **調理台（作業台）**:
   - ステンレス製の調理台は衛生的で錆びにくく、手入れもしやすいです。
   - メニューや作業内容、従業員の身長を考慮して選びましょう。
   - 価格はサイズや機能によって10万～40万円程度です。
3. **食器棚**:

必要な機材や台数について回答が生成される

レッスン

23 表現や言い回しを変えてもらおう

例文の作成

練習用ファイル L023_プロンプト.txt

Copilotに文章を書き換えてもらいましょう。読者に合わせて読みやすくしたり、特殊な表現を書き換えたり、トーンを指定して文章の雰囲気を変えたりと、さまざまなリクエストに応えてくれます。

1 文章の例を作成してもらう

質問例

「OSの脆弱性に注意しよう」という文で、「OS」や「脆弱性」という部分をもっとわかりやすく言い換えたいです。小学生でも理解できるような文章の例を3つ考えてください。

回答例

小学生でも理解できるような言い換えの例は、以下のようになります。

- コンピューターやスマホは、特別な言葉で書かれた紙がたくさん入っていて、それで動いています。でも、その紙には穴があったり、書き間違いがあったりすることがあります。そうすると、悪い人がその穴や間違いを見つけて、コンピューターやスマホをいじったり、大事なものを取ったりすることができます。だから、コンピューターやスマホを大事にするために、穴や間違いを直したり、悪い人から守ったりすることが必要です。
- 機械は、いろいろな命令が書かれたもので動いています。でも、その命令には、ほんの少しの隙間やミスがあることがあります。そうすると、悪い人がその隙間やミスを利用して、機械を壊したり、秘密を盗んだりすることができます。だから、機械を安全に使うために、隙間やミスをなくしたり、悪い人から逃げたりすることが大切です。
- 機械は、たくさんのことばでできたもので動いています。

キーワード

Bing	P.171
Copilot	P.171
GPT	P.171

使いこなしのヒント

どのように書き換えるかを指示しよう

文章を書き換えてもらうときは、具体的な指示が必要です。このレッスンの例でも示しているように、書き換えてほしい言葉（脆弱性）を指定したり、想定される読者（小学生）を指定したり、最終的なゴール（理解できる）を示したりする必要があります。

使いこなしのヒント

読者を指定すると文体が変わる

このレッスンの例では、小学生を読者として指定しているため、漢字が少なく、話し言葉を使った文体で生成されています。このように、想定される読者を指定すると、ある程度、その読者に合わせた文体で文章が生成されます。

● 回答の続き

でも、そのことばには、ちょっとしたすきやあやまりがあることがあります。そうすると、悪い人がそのすきやあやまりを見つけて、機械をこわしたり、ひみつをとったりすることができます。だから、機械をたいせつにするために、すきやあやまりをなおしたり、悪い人からまもったりすることがひつようです

2 フィードバックの伝え方を考えてもらう

質問例

ネガティブなフィードバックを相手を傷つけずに伝える言い方を考えてください。ビスケット専門店の出店計画書を受け取りましたが、データの根拠が希薄で、計画もずさん、意欲も感じられませんでした。誤字脱字も多く、プレゼンの話も冗長でわかりにくいものでした。

回答例

フィードバックを伝える際は、建設的であることが重要です。以下は、ポジティブな言葉を使いつつ、改善点を伝える一例です：
「プレゼンテーションと計画書、ありがとうございました。ビスケット専門店というアイデアは魅力的ですね。ただ、いくつか気になる点があります。データと根拠をもう少し詳しく提供していただけると、計画の信頼性が増し、より具体的なビジョンが伝わると思います。また、プレゼンテーションの内容を簡潔にまとめることで、聞き手にとって理解しやすくなるでしょう。誤字脱字に関しては、校正をすることでプロフェッショナルな印象を与えることができます。意欲については、あなたの情熱が伝わるような表現を加えると良いでしょう。これらの点を改善すれば、素晴らしい計画になると確信しています。」
このように、具体的な改善点を挙げつつ、相手の努力を認め、前向きな姿勢でアドバイスをすることが大切です。相手に尊重を持って接することで、フィードバックが受け入れられやすくなります。

使いこなしのヒント

数を指定して候補を絞り込む

質問の仕方によっては、たくさんの候補を答えてくれる場合があります。候補をある程度絞り込みたいときは、「〇〇を3つ教えてください」のように候補の数を指定して質問してみましょう。

「3つ」と指定すると例文の数を絞り込める

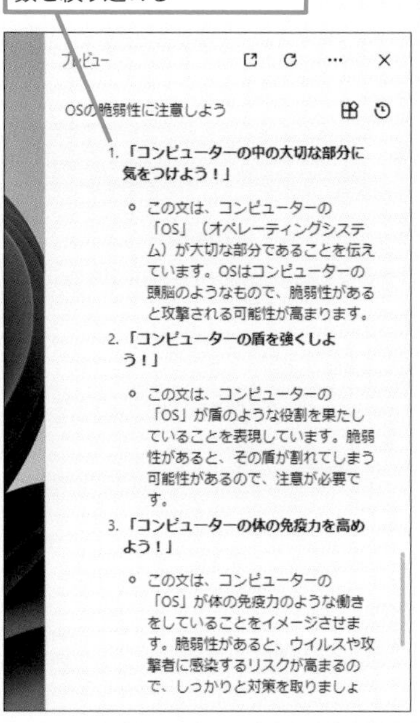

まとめ 多彩なスタイルの書き分けができる

Copilotは、さまざまなスタイルの文章を生成することができます。やさしく説明したり、逆に厳粛な文体にしたり、さらには指定したキャラクターになりきったりと、さまざまな役割を演じることができます。文書の使い方や読者に合わせて書き換えてみるといいでしょう。

レッスン
24 ビジネスフレームワークを活用してもらおう

フレームワークを基に分析

練習用ファイル L024_プロンプト.txt

ビジネス向けのフレームワークを使って、意思決定、分析、問題解決などにCopilotを活用してみましょう。ここでは、Microsoft EdgeのCopilotを利用して、表示しているPDFファイルの内容を基に企業のSWOT分析をしてもらいます。

1 SWOT分析をしてもらう

▼ここで使うPDFのURL
https://www.impressholdings.com/pdf.php?irpeid=341

1 上記のWebページにアクセス

レッスン09を参考にCopilotのサイドパネルを表示しておく

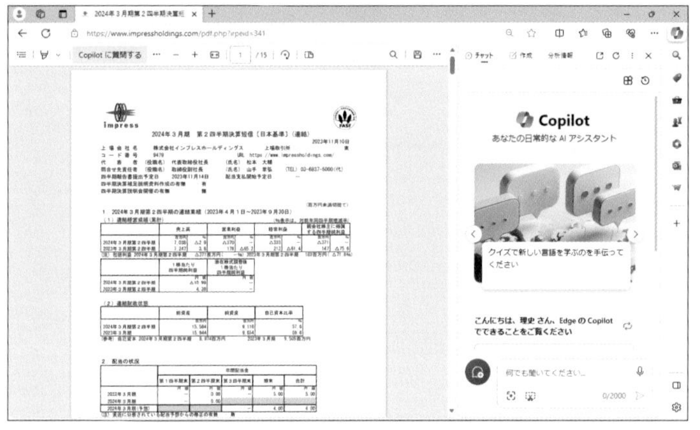

質問例

このページを基にインプレスのSWOT分析をしてください。

回答例

このページは、株式会社インプレスホールディングスの2024年3月期第2四半期決算短信を紹介しています。インプレスのSWOT分析を以下に示します。

キーワード

用語解説

SWOT分析

SWOT分析は、企業や商品の状況を「Strengths（強み）」「Weakness（弱み）」「Opportunity（機会）」「Threat（脅威）」の４つの視点で分析する方法です。内部環境を表す「強み」と「弱み」、外部環境を表す「機会」と「脅威」から多面的に情報を整理することができます。

使いこなしのヒント

表にできる

回答に続けて「簡単な表にしてください」と依頼すると、短い表形式で情報をまとめることもできます。

ここに注意

質問の仕方によっては、開いているページではなく、インターネットなどから検索した情報を基に回答が生成される場合があります。その場合は、回答の後に表示される「代わりにこのページから回答する」をクリックして、もう一度、回答を生成してみましょう。

● 回答の続き

- 強み（Strengths）
  - ○ コンテンツ事業とプラットフォーム事業を展開し、多様なメディアやサービスを提供している
  - ○ 音楽、山岳・自然、航空・鉄道などのニッチな分野に強みを持ち、ターゲット層に訴求できる
  - ○ グループ各社の連携や事業再編により、経営効率化や事業基盤の強化を図っている
- 弱み（Weaknesses）
  - ○ 出版・電子出版やターゲットメディアの市場が縮小傾向にあり、売上高や収益性が低下している

（中略）

  - ○ 出版・電子出版やターゲットメディアの市場は、競合他社や新規参入者との競争が激化している
  - ○ 新型コロナウイルス感染症の状況やワクチン接種の進捗により、事業環境に不確実性が残っている
  - ○ 原材料費や人件費の上昇により、コスト負担が増加するリスクがある

まとめ Copilotで情報を整理しよう

Copilotは大量の情報を整理するのに便利です。長い文章の要約を生成することはもちろんのこと、このレッスンのように一般的なビジネスフレームワークを使って、特定の形式に沿って情報を整理することもできます。いろいろな視点から情報を整理することで、新しい発見ができたり、次のアクションにつなげたりすることができるでしょう。

スキルアップ

フレームワークに当てはめて目標を考えてもらおう

出力されたSWOT分析の情報を次のアクションにつなげたいときは、「機会」の項目を具体的にどのように活かせばいいのかを検討する必要があります。もちろん、こうした作業もCopilotの得意とするところです。次の例のように「OKR」というフレームワークを使って目標や成果を書き出してもらいましょう。

質問例

次の分析は、出版社のSWOT分析で提示された機会の1項目です。この機会を具体的な業績につなげるためのOKRを提示してください。また、このOKRを運用するためのステップを提示してください。

デジタル化やオンライン化の進展により、電子書籍やネットメディアの需要が高まっている

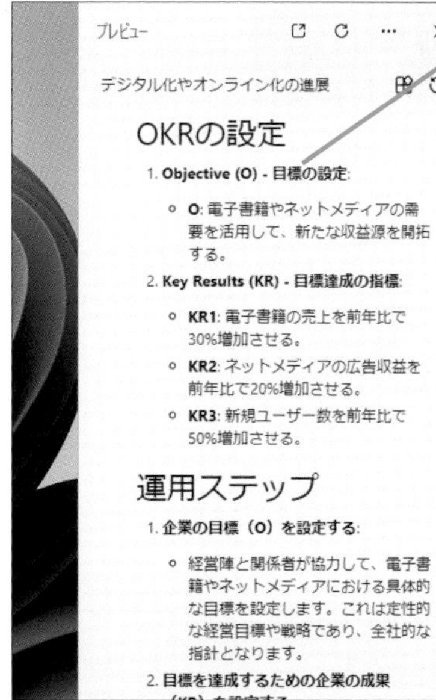

レッスン
25 画像形式のグラフから情報を読み取ってもらおう

グラフの分析

練習用ファイル L025_プロンプト.txt
L025_グラフの分析.png

Copilotは、言葉だけでなく、画像も読み取ることができるマルチモーダルモデルです。グラフなどを与えて、その内容について質問することもできます。ただし、現状、日本語の認識率が低いため、英語の資料などを読むときに活用しましょう。

1 グラフの内容を分析してもらう

レッスン16を参考に「L025_グラフの分析.png」をアップロードして質問を送信する

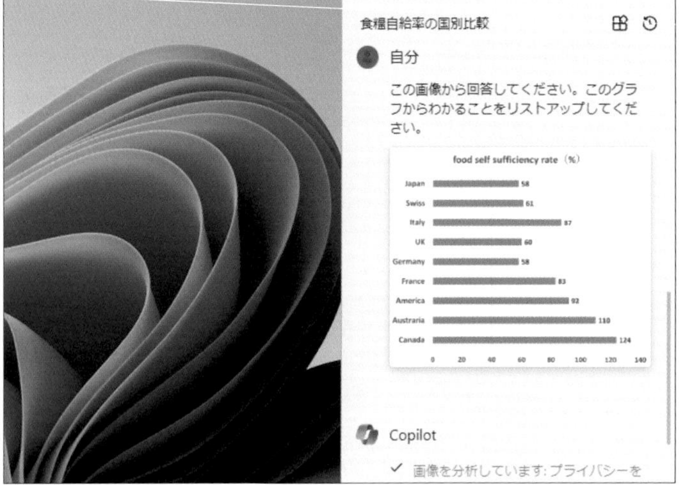

質問例

この画像から回答してください。このグラフからわかることをリストアップしてください。

回答例

このグラフからわかることをリストアップします:

- **カナダ**は食品自給率が**124%**で、リスト内の国々の中で最も高いです。

キーワード

使いこなしのヒント

ネットの情報で回答されることもある

グラフのデータをうまく読み取れない場合、インターネット検索の結果を利用して回答が生成されます。Copilotの画像認識の精度は、まだあまり高くないため、画像によっては文字や値を正しく読み取れないことがあります。

ネットの情報も踏まえて回答されるため画像内にないことも言及されることがある

このグラフから読み取れる知見は以下の通りです：

- **オーストラリアの食料自給率が最も高い**：オーストラリアは食料生産量が生産可能量を大きく上回っており、221%という驚異的な食料自給率を記録しています。これは他の国々と比べても群を抜いています。
- **日本の食料自給率が最も低い**：日本は食料生産量が生産可能量の半分にも満たず、49%という低い食料自給率を持っています。これは食料安全保障の観点から問題となります。
- **インドネシアとブラジルも食料自給率が高い**：インドネシアとブラジルはオーストラリアに次いで食料自給率が高く、それぞれ173%と124%です。これは両国ともに農業生産が盛んであることを示しています。
- **アメリカ、ロシア、インドなどの国々は食料自給率が100%未満**：アメリカ、ロシア、インドなどの国々は食料生産量が生産可能量に及ばず、食料自給率が100%未満です。これは人口が多く、食

● 回答の続き

- **イタリア**と**アメリカ**もそれぞれ**87%**、**92%**と高い食品自給率を持っています。
- **日本、スイス、イギリス、ドイツ**は**60%未満**の食品自給率です。
- **オーストラリア**は**110%**の食品自給率を持っており、100%以上の国々に入っています。

このグラフは、9つの異なる国の食品自給率を比較するためのもので、カナダが最も高い自給率を持っていることがわかります。

まとめ　精度に限界がある

Copilotに画像を入力すると、その画像について質問することができます。グラフからわかる傾向を把握したり、値を読み取ったりすることができるので、画像から詳しい情報を知りたいときに活用しましょう。Webページや PDFなどに掲載されている画像も、画像として保存してからドラッグしたり、コピーしてから貼り付けたりすることで入力できます。ただし、2024年2月時点では、日本語の認識精度が低く、複雑なグラフや小さな文字なども認識できないことがあります。英語資料を読み込みたいときなどに活用するといいでしょう。

スキルアップ

画像形式の表も読み取れる

画像形式の表も読み取ることができます。Webページなどに掲載されている表などに活用するといいでしょう。この例のように、表からわかることをリストアップしてもらうこともできますが、CSV形式などに変換してもらうこともできます。こちらも同様に日本語を誤認識する場合がある点に注意しましょう。

質問例

この画像から回答してください。この表からわかることをリストアップしてください。

画像をアップロードして質問を送信する

Food self sufficiency	
Coutry	food self sufficiency rate (%)
Canada	124
Austraria	110
America	92
France	83
Germany	58
UK	60
Italy	87
Swiss	61
Japan	58

Copilot

この表からわかることをリストアップします：

- **カナダ**は食料自給率が最も高く、**124%**です。
- **日本**と**ドイツ**は食料自給率が最も低く、**58%**です。

この表は、各国の食料自給率を示しており、カナダ、オーストラリア、アメリカ、フランス、ドイツ、イギリス、イタリア、スイス、日本の順に記載されています。

備考：無農薬栽培「自分園」地域の食料自給率等について」まとめに作成 2020年度の数値。日本のみ2022年度の値

表から読み取れる内容について回答される

●CSV形式に変換してもらう

1 プロンプトに「この画像から回答してください。CSV形式で出力してください」と入力

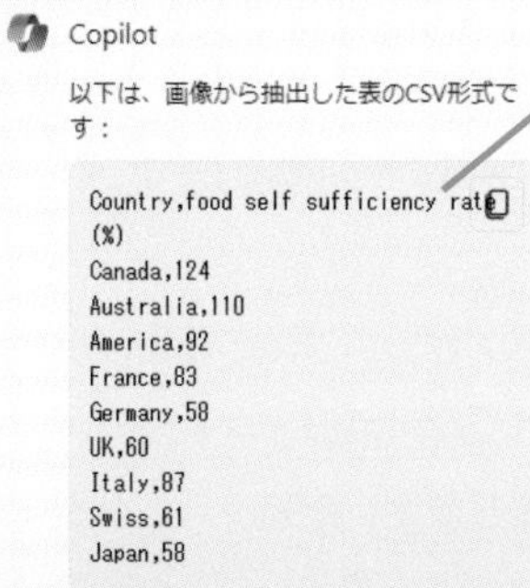


```
Country,food self sufficiency rate
(%)
Canada,124
Australia,110
America,92
France,83
Germany,58
UK,60
Italy,87
Swiss,61
Japan,58
```

表の値がCSV形式で出力される

レッスン
26 アイデアをより具体的な内容に展開してもらう

企画や構成の検討

練習用ファイル L026_プロンプト.txt

大まかな項目やアイデアは思い付いていたとしても、具体的な企画としてまとめるのはなかなか大変です。そんなときに活用したいのがCopilotです。大まかなアイデアを伝えるだけで、企画書などのより具体的な形式の文書に仕上げてくれます。

1 企画書の下書きを作成してもらう

質問例

編集部の企画会議に提出するための企画書の下書きを作ってください。企画は、「できるCopilot in Windows」という書籍です。目的や背景、内容、ターゲット、仕様（ページ数や価格）などを含めてください。内容は、入門者向けのガイドで、Copilot in Windowsの概要や基本的な使い方に加えて、実際に役立つ使い方（プロンプト例）とする予定です。

回答例

企画書:「できるCopilot in Windows」

1. 目的と背景
「できるCopilot in Windows」は、入門者向けのガイドブックとして、Microsoft CopilotをWindows環境で効果的に活用するための手引きを提供します。Copilotはプログラミングのサポートツールとして注目されており、その基本的な使い方から実践的なプロンプト例までを網羅します。
2. 内容
- **Copilotの概要:**Copilotの特徴、機能、利点を解説します。
- **基本的な使い方：**Copilotのインストール、設定、基本的な操作方法を詳細に説明します。
- **実践的な使い方：**プログラミングの際にCopilotをどのよ

キーワード

使いこなしのヒント
含めてほしい内容を記述しよう

企画書など、ある程度、フォーマットが決まった形式で出力してほしいときは「目的や背景、内容、ターゲット…」のように、見出しとして含めてほしい項目をプロンプトに含めておきましょう。また、この例では「内容」について詳しく補足していますが、ほかの項目でも具体的な内容が決まっているときは、プロンプトで補足しておくと、より正確な出力が得られます。

使いこなしのヒント
内容をしっかり確認しよう

出力された情報には、ページ数や価格など自動的に生成された値や内容が含まれています。そのまま利用するのではなく、内容をよく確認して、修正してから利用しましょう。

● 回答の続き

うに活用するか、具体的な例を提供します。プロンプトの使い方や最適なシナリオも紹介します。
3. ターゲット
- プログラミング初心者
- Windowsユーザー
- Copilotに興味を持つ人々
4. 仕様
- **ページ数：**約100ページ
- **価格：**1,500円（税抜）

2 企画書から目次案を作ってもらう

質問例

次の企画書から書籍の目次案を作成してください。
● 企画名
できるCopilot in Windows
● 企画の目的
Copilot in Windowsは、Windows 11に搭載された人工知能(AI)の機能で、ユーザーのさまざまな作業をサポートするツールです。しかし、Copilot in Windowsの存在や機能はまだ一般にはあまり知られておらず、活用されていないのが現状です。この書籍の目的は、Copilot in Windowsの概要や基本的な使い方を紹介することで、ユーザーにCopilot in Windowsの魅力や便利さを知ってもらい、より効率的で楽しいWindowsライフを送ってもらうことです。
● 企画の背景
Copilot in Windowsは、Microsoftが開発したAI技術を用いて、ユーザーの入力や操作に応じて最適な提案やアクションを行う機能です。例えば、文章を書くときには、文法や表現のチェックや修正、文章の要約や生成などを行います。また、コードを書くときには、コードの補完や修正、テストやデバッグなどを行います。さらに、画像や音声などのメディアファイルを扱うときには、画像の編集や生成､音声の変換や合成などを行います。

スキルアップ
PDFなどの既存の文書からも生成できる

ここでは手順1で生成された下書きを基に作成した企画書を手順2のプロンプトで入力しています。同様に、企画書から情報を生成する手段には、PDFファイルを利用する方法もあります。手順2で入力した内容をWordなどでPDFファイルとして保存しておき、そのPDFファイルをEdgeで開いて、同様にCopilotから質問することができます。

PDF形式の企画書をMicrosoft Edgeで表示しておく

1 プロンプトを入力
2 ［送信］をクリック

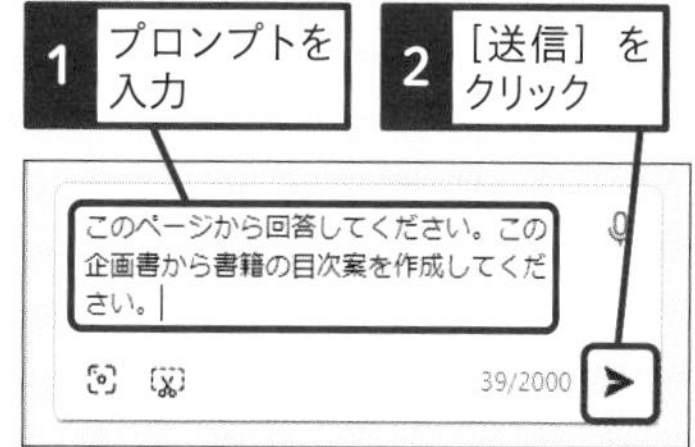

目次案が表示される

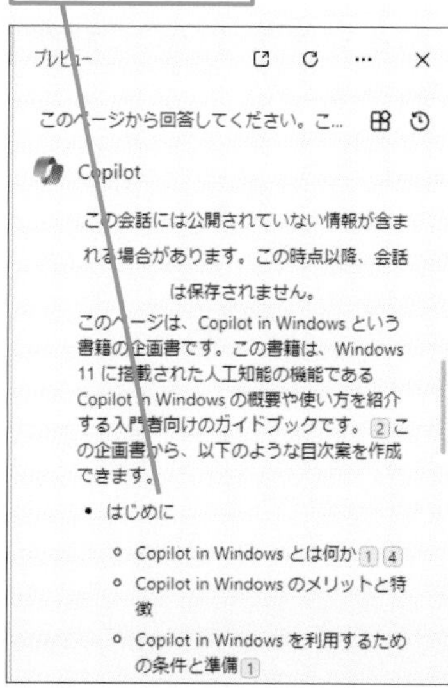

次のページに続く ➡

●質問の続き

しかし、Copilot in Windowsの機能や使い方は、公式のドキュメントやチュートリアルなどが不十分であり、ユーザーにとってわかりにくいものとなっています。このような状況の中で、Copilot in Windowsの魅力や便利さを広く伝えることが必要だと考えました。

● 企画の内容

この書籍は、入門者向けのガイドブックとして、Copilot in Windowsの概要や基本的な使い方に加えて、実際に役立つ使い方（プロンプト例）を紹介します。以下に、書籍の構成と各章の内容を示します。

•第1章 Copilot in Windowsとは

•第2章 Copilot in Windowsで文章を書く

•第3章 Copilot in Windowsで画像を扱う

•第4章 Copilot in Windowsの応用と展望

● 企画のターゲット

この書籍のターゲットは、以下のような人々です。

•Windows 11を利用しているか、利用する予定のある人

•Copilot in Windowsに興味があるか、使ってみたいと思っている人

•Copilot in Windowsの機能や使い方をわかりやすく学びたい人

•Copilot in Windowsを効果的に活用して、作業の効率や品質を向上させたい人

•Copilot in Windowsの可能性や応用について知りたい人

● 企画の仕様

この書籍の仕様は、以下のようになります。

ページ数：約200ページ

価格：2,000円（税別）

発売日：2024年4月

出版社：できるシリーズ

著者：Copilot in Windowsのエキスパート

編集者：編集担当

使いこなしのヒント

いろいろな展開ができる

ここでは書籍の企画書から目次案を作成していますが、ほかにもいろいろな応用が可能です。例えば、決裁をもらうための稟議書を作成したり、開発のための設計書を作成したり、外注するための仕様書を作成したり、企画を実行するための実行計画書を作成したりするときにも役立ちます。

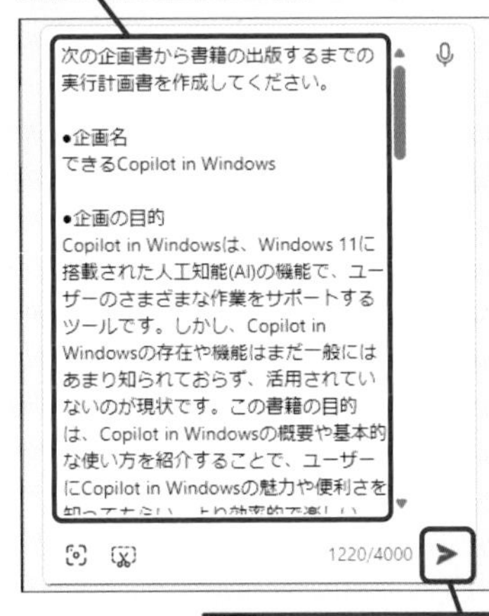

実行計画の案が生成される

回答例

企画書を読ませていただきました。Copilot in Windowsに関する書籍は、まだあまり出版されていないので、需要があると思います。書籍の目次案を作成するのは、私の得意なことの一つです。以下に、私が考えた目次案を示します。

できるCopilot in Windows
- 第1章 Copilot in Windowsとは
 ○ Copilot in Windowsの概要
 ○ Copilot in Windowsの特徴とメリット
 ○ Copilot in Windowsのインストールと設定
 ○ Copilot in Windowsのモードと切り替え方法
- 第2章 Copilot in Windowsで文章を書く
 ○ Copilot in Windowsで文法や表現をチェックする
 ○ Copilot in Windowsで文章を要約する
 ○ Copilot in Windowsで文章を生成する
 ○ Copilot in Windowsで文章を改善する
 ○ Copilot in Windowsで文章を翻訳する
- 第3章 Copilot in Windowsで画像を扱う
 ○ Copilot in Windowsで画像を編集する
 ○ Copilot in Windowsで画像を生成する
 ○ Copilot in Windowsで画像を認識する
 ○ Copilot in Windowsで画像を変換する
 ○ Copilot in Windowsで画像を検索する
- 第4章 Copilot in Windowsの応用と展望
 ○ Copilot in Windowsでコードを書く
 ○ Copilot in Windowsで音声を扱う
 ○ Copilot in Windowsでクリエイティブな作品を作る
 ○ Copilot in Windowsの今後の発展と課題
 ○ Copilot in Windowsの活用事例とベストプラクティス

以上が、私が考えた目次案です。ご参考になれば幸いです。Copilot in Windowsに関する書籍の執筆、頑張ってください。私も応援しています。

使いこなしのヒント

追加や修正もできる

出力された回答に対して、さらに追加や修正を依頼することもできます。例えば「第5章としてCopilot Proの章を追加して」などして内容を追加することもできます。

まとめ 次のステップに進む助けになる

Copilotは、ビジネスシーンで求められる一般的な作業についても理解することができます。アイデア→企画書→稟議書などのように、ビジネスシーンでは段階的に文書を作成することがよくありますが、それぞれのステップでCopilotが役立つことでしょう。作業を効率化できるだけでなく、アイデアを具体化したり、詳細を詰めたりと、さまざまなシーンで活用できます。

レッスン

27 プレゼンで話す内容を考えてもらおう

スピーチノート

練習用ファイル　L027_プロンプト.txt

Copilotにスピーチの内容を考えてもらいましょう。基になる情報を与えて、スタイルや時間などを指定することで、スピーチ案を出力することができます。Wordなどの文書をそのまま読み上げるのではなく、短く、的確に発表できます。

1 スピーチの内容を作成してもらう

質問例

次の内容を発表するためのスピーチノートを作成してください。30秒以内で話せるように短いスピーチ内容にしてください。

2024年3月期第2四半期業績ハイライト

● 出版市況の悪化及びクライアントニーズの変化の影響が続く中、第2Q（3ヵ月）はほぼ前期並みの売上高を計上したものの、第1Qのメディア事業の大きな減収が響き、連結売上高は7,038百万円（前期比▲2.9%/▲208百万円）。
● メディア事業の業績悪化は収益性の高い既刊書籍・電子書籍・ターゲット広告の減収に起因するもので、第2Qも同傾向は継続、また前期刊行した商品力の弱い書籍を中心に返品が増加し前年同期に比べて第2Qで在庫の調整が大きく進んだことで売上原価が増加し、営業利益は▲370百万円（前期比▲549百万円）、経常利益は▲333百万円（前期比▲546百万円）、当期純利益は▲371百万円（前期比▲518百万円）と大幅な減益となり、各段階利益で赤字を計上。
● 出版・電子出版は、新刊の刊行遅れはありながら、新刊書籍の販売は回復基調も、既刊書籍の出荷減・返品増が継続、電子書籍がモバイルサービスセグメントにおける人気タイトルの配信終了で減収となり、売上高3,745百万円（前期比▲3.0%/▲116百万円）。

キーワード

使いこなしのヒント

話し言葉にして時間も考慮してくれる

Copilotに作成を依頼するときに、スピーチであることを伝えると、きちんと話し言葉で文章を生成してくれます。また、話すスピードにもよるので誤差はありますが、時間を指定することで、時間内に話せる長さの文章を生成してくれます。

時間を考慮した回答が生成される

Copilot

もちろんです！以下は、**2024年3月期第2四半期業績ハイライト**についての短いスピーチノートです。30秒以内で話せるように簡潔にまとめてみました：

皆様、こんにちは。2024年3月期第2四半期の業績ハイライトをご報告いたします。

1. **売上高の状況**：
   - 出版市況の悪化とクライアントニーズの変化の影響を受けつつ、第2Qは前期並みの売上高を計上しました。
   - ただし、第1Qのメディア事業の大幅な減収が響き、連結売上高は

●質問の続き

● ネットメディア・サービスは、ネットワーク広告の単価下落が一巡、アフィリエイトも好調となったことで回復傾向に転じ、第1Qの落ち込みをカバーし、売上高863百万円（前期比+0.5% /+4百万円）。
● プラットフォーム事業は、電子コミックPFが前期第2Qに出版社向けサービスの一部が終了したことで調整局面に入り、減収。主力サービスは、人気タイトルの牽引等で想定を上回る推移を維持しているものの、売上高1,281百万円（前期比▲5.6% /▲76百万円）。

回答例

こんにちは。本日は2024年3月期第2四半期の業績ハイライトについてご報告いたします。

第2四半期は、出版市況の悪化やクライアントニーズの変化などの厳しい環境の中で、売上高は7,038百万円と前期とほぼ同水準を維持しましたが、営業利益は▲370百万円と大幅に減益しました。

主な要因は、メディア事業の収益性の低下です。既刊書籍や電子書籍、ターゲット広告などの高収益事業が減収したほか、在庫調整のための返品が増加しました。
出版・電子出版事業は、新刊書籍の販売は回復基調でしたが、既刊書籍や電子書籍の減収が続きました。
ネットメディア・サービス事業は、ネットワーク広告やアフィリエイトの回復で売上高は前期とほぼ同じでした。

ターゲットメディア事業は、ターゲット広告やイベント収入の減少で売上高が大きく減少しました。
プラットフォーム事業は、電子コミックPFの減収がありましたが、主力サービスは好調に推移しました。
以上が第2四半期の業績ハイライトです。ご清聴ありがとうございました。

使いこなしのヒント

1回のチャットで入力できるのは2000文字まで

Copilotでは、1回のチャットで入力できる文字数が2000文字までとなっています。このため、2000文字を超えるような長い原稿を基にスピーチを作成してもらうことはできません。長い文書から生成したいときは、元の文章を内容ごとに区切って、セクションごとに入力して作成するといいでしょう。

スキルアップ

スタイルも変更できる

利用シーンに応じてスピーチのスタイルを変えることもできます。例えば、プロンプトに「高校の授業で使うので、高校生でもわかりやすい言葉で作成してください」のように付け加えることで、若干、わかりやすい言葉で生成することができます。どこで使うのか、誰に対して話すのかなどを指定してみましょう。

「高校生でもわかりやすい言葉で」など、プロンプトに誰に向けたものなのか加えると、それに準じた言い回しで生成される

Copilot
もちろんです！以下は、高校生でも理解しやすい言葉で表現したスピーチノートです。

2024年3月期第2四半期業績ハイライト
こんにちは、皆さん。今日は、私たちの会社の最新の業績についてお話しします。2024年3月期の第2四半期のハイライトを共有します。

1. **売上高の状況**
   - 出版市場は厳しい状況が続いています。クライアントのニーズも変化しています。
   - 第2Q（3カ月）では、前期とほぼ同じ売上高を達成しましたが、第1Qのメディア事業の減収が影響しています。
   - 連結売上高は7,038百万円で、前期比▲2.9%、▲208百万円です。
2. **メディア事業の課題**
   - メディア事業の業績悪化は、既刊書籍、電子書籍、ターゲット広告の減

次のページに続く➡

2 PDFの資料を基に話す内容を生成する

▼ここで使うPDFのURL
https://ad.impress.co.jp/pdf/baitai-gourmet.pdf

1 上記のWebページにアクセス

レッスン09を参考にCopilotのサイドパネルを表示しておく

質問例

このページから回答してください。「グルメWatchが伝えたいこと」のセクションについて発表するためのスピーチノートを作成してください。

回答例

このページの「グルメWatchが伝えたいこと」のセクションについて発表するためのスピーチノートを作成しました。以下がその内容です。

- **食べ物には人間味がある：**私たちが日々の食事で口にする食べ物や飲み物は、それらを生産したり作ったりした人たちの思いが込められています。グルメWatchでは、作り手の情熱を読者に伝えることで、商品やサービスに対する理解を深めるとともに、消費者の声を業界にフィードバックする役割を担っています。

- **知的好奇心を満たす食の楽しみ方：**単に舌の上で味わうだけでなく、同時に知的好奇心を満たすことができれば、私

使いこなしのヒント

見出しで指定しよう

PDF文書を基にスピーチを作成する際に全体を指定すると、長すぎて失敗することがあります。必ずセクションごとに生成するように工夫しましょう。また、セクションを指定するときはページではなく、必ず見出しを使いましょう。紙面に記載されているページ番号は表紙などが省かれている場合もあり、Copilotが把握するページ番号と一致しないことがあります。

使いこなしのヒント

Copilot Proでは4000文字まで入力可能

有料版のCopilot Proを利用すると、最大で4000文字までの入力が可能になります。長い文章を入力したいときは、Copilot Proの利用を検討しましょう（第6章参照）。

● 回答の続き

たちの日々の食事は、今まで以上に味わい深く、楽しい時間になるはずです。グルメWatchでは、身近な食のトレンドやテクノロジーについて、最新の情報をお届けします。

- **コロナ禍における食の変化に対応する：**コロナ禍において、食に関するニーズや行動が大きく変化しています。グルメWatchでは、スーパーやコンビニの新商品やカフェやレストランの新メニューのほか、デリバリーサービスなど、日々の食事に関連する話題を幅広く取り上げます。

まとめ　発表の準備にもCopilotを活用しよう

「資料を作るだけで手一杯。本番のスピーチの準備まで手が回らない……」。このように発表やプレゼンの準備に追われている人も少なくないことでしょう。Copilotは、こうしたケースでも役に立ちます。資料さえあれば、そこからスピーチ内容を考えてもらうことができるので、最低限の手直しをするだけで本番の発表やプレゼンに望めます。Copilotで事前の準備も万全に整えておきましょう。

使いこなしのヒント

図版が多いページは内容が読み取られないこともある

Copilotは、文字情報から文章を生成するため、基となる資料に図版が多く使われていると正確に情報を読み取ることができないことがあります。例えば、図版の中にあるテキストを取りこぼしたり、順番を間違えて解釈したりすることがあります。基本的には、文字から文字を生成するAIとなるため、基になる資料に文字が多いほど正確な回答ができます。図版ベースの資料からスピーチを作成するときは、必ず内容を確認して、修正や追記をするようにしましょう。

スライドにある図版の内容が考慮されない結果が出力されることがある

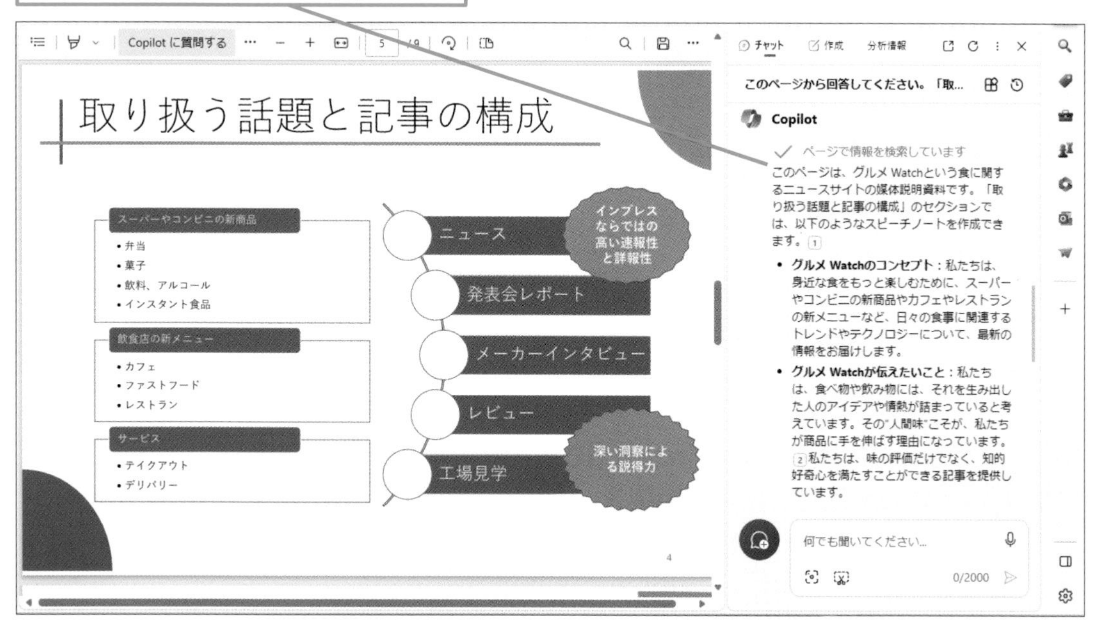

レッスン

28 商品の比較表を作成してもらおう

製品比較表

練習用ファイル L028_プロンプト.txt

製品の比較や分析などをしたいときは、インターネット上の情報を基にCopilotに情報を整理してもらうといいでしょう。情報を表にまとめてもらうことで、共通点や違いをわかりやすく比べることができます。

1 売れ筋の商品を比較する

質問例

人気の家庭向けWi-Fiルーターを3台ピックアップして比較する表を作って

回答例

こんにちは。これはBingです。あなたの質問にお答えします。人気の家庭向けWi-Fiルーターを3台ピックアップして比較する表を作りました。以下の表をご覧ください。

モデル名	無線LAN規格	周波数帯	最大通信速度	メッシュWi-Fi	価格
NEC Aterm WX7800T8	Wi-Fi 6E (11ax)	2.4/5/6 GHz	7,780 bps	○	¥17,021
バッファロー AirStation WXR-1 1000XE12	Wi-Fi 6E (11ax)	2.4/5/6 GHz	10,753 Mbps	○	¥34,057
NEC Aterm WX1500HP	Wi-Fi 6 (11ax)	2.4/5 GHz	1,501 Mbps	×	¥6,150

NEC Aterm WX7800T8は、Wi-Fi 6E対応のトライバンドルーターで、6GHz/5GHz/2.4GHzの3つの周波数帯に対応しています。6GHz/5GHzにおいて最大4803Mbps、2.4GHzにおいて最大1147Mbpsの高速通信が可能です。
インターネット/LANそれぞれに1Gbps対応ポートを搭載しており、メッシュ中継機能も備えています。

キーワード

Copilot	P.171
JSON形式	P.171
Markdown形式	P.171

使いこなしのヒント

情報が正確とは限らない

Copilotでは、情報元としてインターネット上のデータを利用します。このため、情報が古かったり、間違った情報を取得したりすることがあります。出力された情報を確認し、必要に応じて修正してから利用しましょう。

スキルアップ

表としてデータを入力するには

Copilotに表データを入力したい場合は、CSV形式を利用するのが簡単です。「日付,気温」のように「,(カンマ)」でデータを区切って入力することで、表であることを認識させることができます。

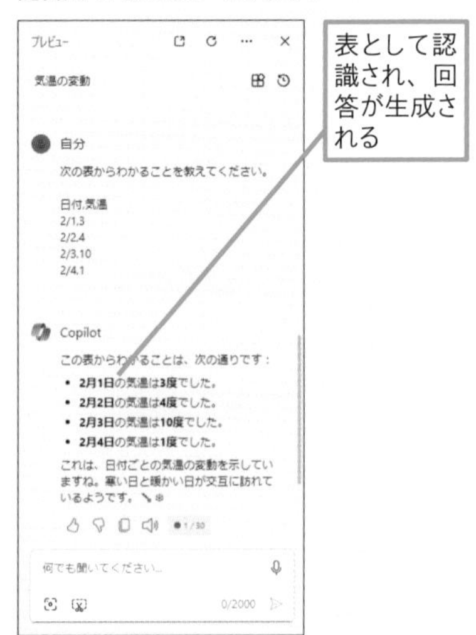

表として認識され、回答が生成される

● 回答の続き

バッファロー AirStation WXR-11000XE12は、Wi-Fi 6E対応のフラッグシップモデルで、6GHz/5GHz/2.4GHzの3つの周波数帯に対応したトライバンドルーターです。6GHz/5GHzにおいて最大4803Mbps、2.4GHzにおいて最大1147Mbpsの高速通信が可能です。インターネット/LANそれぞれに10Gbps対応ポートを搭載しており、手軽にメッシュネットワークを実現する「Wi-Fi EasyMesh」に対応していま

（中略）

1201Mbpsの高速通信が可能です。メッシュ中継機能は搭載していませんが、リモートワークWi-Fiに対応しており、自宅のIoT家電などを接続しているネットワークと分離して通信することができます。

以上が人気の家庭向けWi-Fiルーターの比較表です。ご参考になれば幸いです。

まとめ　情報を整理するときは表を活用しよう

Copilotは、文章だけでなく、表も扱うことができます。似たような情報を整理したいときは、「表を作って」と依頼してみましょう。人間が見たときに直感的に理解できるように情報をまとめてくれます。もちろん、表を入力することもできます。表を入力することで、Copilotに対してデータを認識させやすくできる効果もあります。

スキルアップ

マークダウン記法でも入力できる

Copilotは、入出力にマークダウン記法を利用することができます。マークダウンは、文書の見出しや箇条書きなどを、記号を使って表現する記述言語です。例えば、「#」「##」で見出し、「-」で箇条書きを指定したりできます。この方法を利用して、以下のように表を入力することもできます。

質問例

次の表を得点が大きい順に並べ替えて、50点以上の人に「判定」という見出しで「合格」という項目を追加してください。

名前	得点
田中	50
清水	30
小林	10
遠藤	80

レッスン

29 海外のビジネスマナーに合った外国語メールを作成する

英文の修正　練習用ファイル　L029_プロンプト.txt

Copilotは、日本語だけでなく、外国語を扱うことも得意です。文章を翻訳できるのはもちろんのこと、ビジネスマナーなどを考慮した書き方を指導してもらうこともできます。外国語のメールを作成するときに活用すると便利です。

キーワード

生成系AI	P.172
対話型AI	P.172
プロンプト	P.172

1 英語の文面を修正してもらう

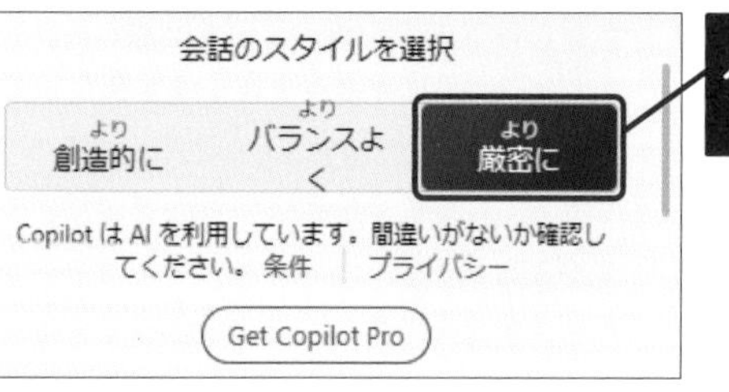

1 ［会話のスタイル］を［より厳密に］に変更

質問例

あなたは米国のビジネス事情に精通した優秀な翻訳家です。
次の文章は、米国の取引先に対して送る謝罪メールの案です。
米国のビジネスマナーを考慮して正しい英語になっているかをチェックしてください。
修正の理由も教えてください。

thank you always.
My name is Shimizu from Impress.
Regarding the billing amount for November,
We sincerely apologize for charging you an incorrect amount.
When I checked the cause,
It turned out to be an accounting error.
To prevent this from happening again,
We will thoroughly check with accounting and pay close attention.

使いこなしのヒント

修正の理由も聞いておこう

このレッスンでは、プロンプトの最後に「修正の理由も教えてください」と指定しています。このように依頼すると、なぜ修正が必要なのかという理由がきちんと表示されます。海外のビジネスマナーや風習を学ぶことができるので、参考にするといいでしょう。

修正の理由も含めて回答が生成される

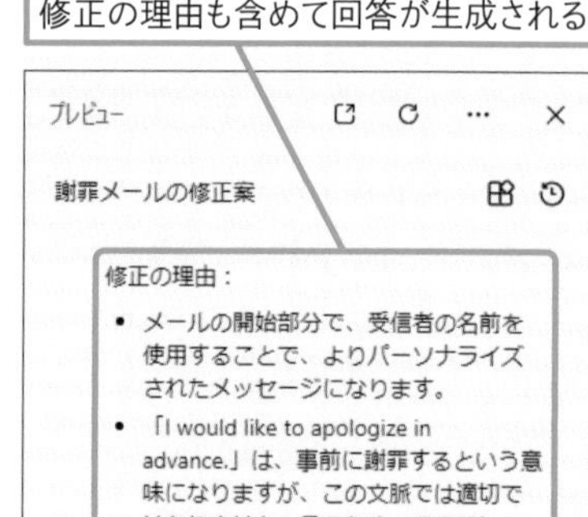

●質問の続き

We kindly ask for your understanding in this matter.
Once again, we have sent you a revised invoice.
We apologize for the inconvenience, but we kindly ask that you please destroy the invoice you have.
I would like to apologize in advance.

回答例

こんにちは、私は米国のビジネス事情に精通した優秀な翻訳家です。
あなたのメールの案をチェックしました。
全体的にはとても丁寧で適切な英語ですが、いくつか修正すべき点があります。
以下に修正案と理由を示します。

Thank you for your continued support.
This is Shimizu from Impress.

（中略）

We have sent you a revised invoice with the correct amount.
Please disregard the previous invoice and accept our sincere apologies for any inconvenience this may have caused.

Thank you for your cooperation.

・最初の文は「thank you always.」ではなく、「Thank you for your continued support.」とするほうが自然です。前者は日常的な感謝を表すときに使われますが、後者はビジネ

（中略）

以上が私の修正案と理由です。
もしほかに何かご質問がありましたら、お気軽にお問い合わせください。

スキルアップ

さまざまな言語で翻訳できる

Copilotは、さまざまな言語を扱うことができます。扱える言語を知りたいときは、Copilotに質問してみるのが簡単です。以下のように「あなたが翻訳できる言語をリストアップしてください。」と依頼すると、英語、中国語（簡体字）、フランス語、ドイツ語など、扱える言語を確認できます。

質問例

あなたが翻訳できる言語をリストアップしてください。日本語と英語以外にどんな言語を翻訳できますか?

Copilotで扱える言語をリストアップしてくれる

Copilot

Microsoft Copilotは、以下の言語をサポートしています 1 2 3:

- 中国語 (簡体字)
- 英語
- フランス語
- ドイツ語
- イタリア語
- 日本語
- ポルトガル語 (ブラジル)

ただし、Excelの場合は現在英語のみをサポートしています 1。

今後、さらに多くの言語がMicrosoft Copilotに追加される予定です。新しい言語がサポートされると、この記事も更新され

まとめ　シーンに合わせた翻訳ができる

Copilotでは、単に言語を翻訳するだけでなく、利用シーンに合った表現を使って文章を翻訳することができます。ビジネスシーンでの連絡、友人への手紙などシーンに合わせて利用できるだけでなく、自分の感情を文章に込めたいときなどにも活用できます。いろいろな条件を記入して翻訳してみましょう。

レッスン

30 イベントのタイムテーブルを作成してもらう

タイムテーブル

練習用ファイル L030_プロンプト.txt

Copilotは、ある程度であれば、論理的な判断や計算が伴うような回答も可能となっています。例として、社内イベントで実施するゲーム大会のトーナメントの組み方やタイムテーブルを作ってもらいましょう。

1 試合数を計算してもらう

質問例

8チームが参加する社内ゲーム大会を開催したいです。トーナメント方式にした場合、1位から3位までを決めるまで何試合必要ですか?

回答例

こんにちは、これはBingです。あなたの質問にお答えします。トーナメント戦では、参加するチームの数から1を引いた数が総試合数になります。つまり、8チームの場合は総試合数=8−1=7となります。この場合、優勝チームと準優勝チームが決まりますが、3位を決めるには、準決勝で敗れた2チームがもう一度試合をします。これを3位決定戦と呼びます。したがって、3位決定戦を含めると、総試合数は総試合数=7+1=8となります。これがあなたの質問の答えです。

キーワード

使いこなしのヒント

回答は間違っていることもある

Copilotに限らず、現在の大規模言語モデルは、論理的な判断や計算があまり得意ではありません。このため、間違った回答が出力されることも珍しくありません。本レッスンの例でも、試合数を間違えることや、意図した条件でタイムテーブルが出力されないこともあります。

スキルアップ

簡単な計算にも回答できる

「+」「−」「×」「÷」などの演算子を使った簡単な計算も可能です。例えば、「100×0.8-50=」と入力すると、「30」という答えが表示されます。また、「14を16進数に変換してください」で「E」と回答することなどもできます。ただし、言語モデルは、基本的に計算が苦手であることを理解しておくといいでしょう。

2 タイムテーブルを作成してもらう

質問例

次の条件に従ってトーナメント方式のタイムテーブルを作ってください。
- 10:30開始
- 試合会場は2つ
- 試合時間は20分
- 休憩時間は15分
- 12:00 ~ 13:00は昼休み

回答例

時間	会場A	会場B
10:30	1回戦：チーム1 vs チーム2	1回戦：チーム3 vs チーム4
11:05	1回戦：チーム5 vs チーム6	1回戦：チーム7 vs チーム8
11:40	休憩	休憩
12:00	昼休み	昼休み
13:00	準決勝：チーム1 vs チーム3	準決勝：チーム5 vs チーム7
13:35	休憩	休憩
13:50	3位決定戦：負けたチーム同士	休憩
14:25	休憩	休憩
14:40	決勝戦：勝ったチーム同士	

まとめ 考え方やルールを学ぶベースとして活用しよう

ゲーム大会のトーナメント表作成やタイムテーブルの作成などは、簡単なようで意外と手間の掛かる作業となります。Copilotもあまり得意な作業とは言えないため、間違っている場合もありますが、回答から基本的な考え方やルールを知ることができます。結果をそのまま使うのではなく、こうした考え方やルールを活用するつもりでCopilotを使うといいでしょう。

スキルアップ

言語モデルが苦手な問題

Copilotに限らず、現在の言語モデルは論理的な問題が苦手です。例えば、「青果店でミカンを10個買いました。途中で弟とその友人に出会ったので、弟に2つ、弟の友人に2つ渡しました。もう一度、青果店に行きミカンを5つ買い、1つ食べました。残りは何個ですか？」といった問題に対して、正しい回答がされることはほとんどありません。正しく回答させる方法の1つとして、プロンプトに「段階的に考えてください」と追記する方法（Chain of Thought）という方法がありますが、これも確実とは限りません。論理的な問題を解決できるようになるには、まだ時間が必要と言えるでしょう。

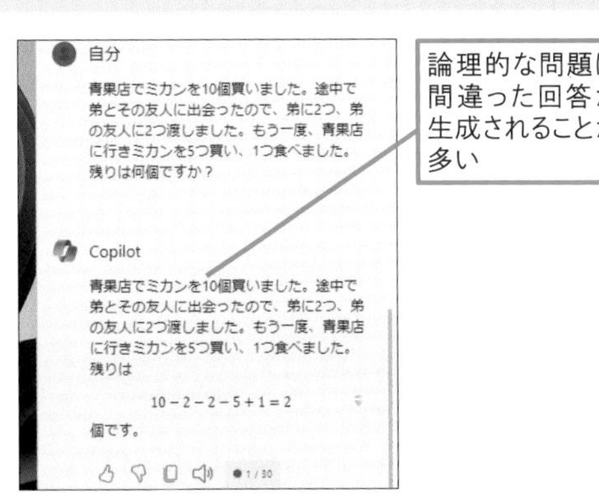

この章のまとめ

よき相談相手として活用しよう

Copilotは、文書や資料の下書きを作ったり、情報をまとめたり、アイデアを考えたり、外国語を扱ったりすることが得意です。このレッスンでは、こうしたCopilotの特徴を普段のビジネスシーンや学習シーンで活用する具体的な例を紹介しました。気乗りしない作業の第一歩を踏み出したり、面倒な作業を手伝ってもらったりしたいときにCopilotを活用しましょう。ただし、出力結果が正しいとは限らないことを常に頭に入れて利用する必要があります。結果をそのまま利用するのではなく、下書きとして活用したり、アイデアとして受け取ったりと、あくまでも相談相手として活用することが大切です。

文書や資料作成の際に相談相手として活用できる

メールやひな型の作成から、スピーチ原稿、翻訳、伝え方のアドバイスまで！ 日常や仕事での心強い味方になりそうです。

生成してほしいアイデアの数や出力の形式をプロンプトでコントロールするのもポイントだね！

より的確なアドバイスをもらうために、なるべく多くの情報をプロンプトに含めることも忘れずに！ それから機密情報の扱いにも注意しながら使おう。

活用編

第5章

創作やアイデア出しに役立てる

Copilotをよりクリエイティブな用途に活用してみましょう。Copilotは幅広い知識を持っているため、テーマからストーリーを考えてもらったり、特定の役割やシーンを与えて意見を出してもらったり、プログラミングやイラスト創作を手助けしてもらったりと、アイデア出しや創作活動にも役立ちます。

レッスン
31 Introduction この章で学ぶこと Copilotにサポートしてもらおう

プロンプトにアドバイスをもらいたい立場の人物や役割を指定することで、仕事のみならず日常のさまざまな事柄にも役立てられます。プログラミングやイラストの作成など、専門的な知識が必要なことも、Copilotにサポートしてもらうことも可能です。まずは具体例を見ていきましょう。

役割を指定したシミュレーションにも大活躍！

シミュレーション……？　難しそうですが、具体的にどんなことに役立てられるんですか？

そう難しいものではないよ。Copilotに役割を指示するだけで、反対の立場からの意見をもらったり、ほかの人物の視点での見解を挙げてもらったりできるんだ。

●リスクと対策を挙げてもらう

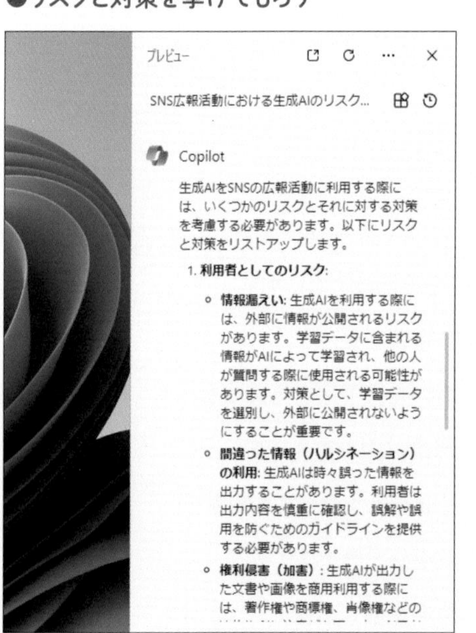

●会議での想定質問を挙げてもらう

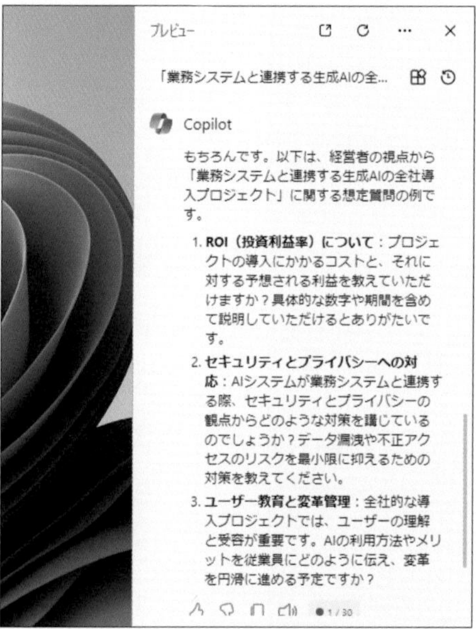

Copilotが多彩な知識をデータとして持っているからこそ、できることですね！

プログラミングやイラストなど創作にも役立つ！

それからこの章では、個人の創作活動に役立つ実例も紹介していくよ。

●テキストから画像を生成する

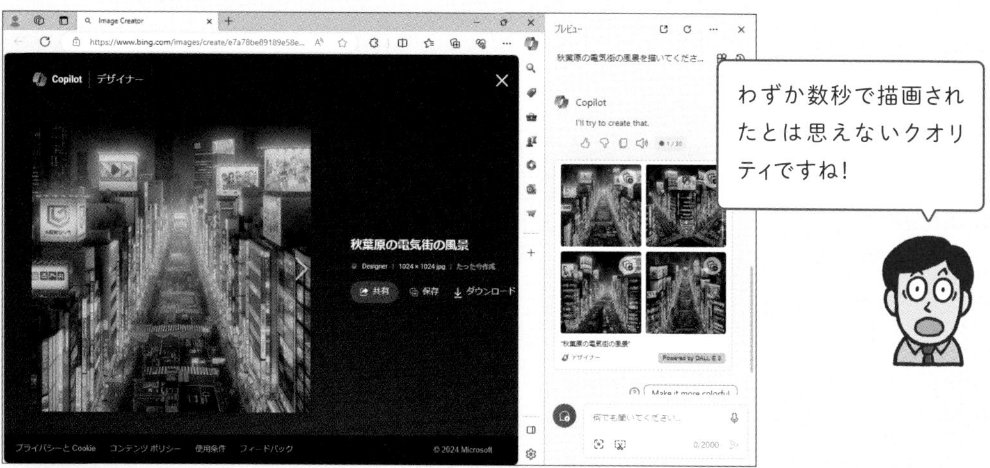

わずか数秒で描画されたとは思えないクオリティですね！

いろいろなプロンプトを試してみるのも楽しそう！

●ラフ画像を基にコードを生成し、アプリを作成する

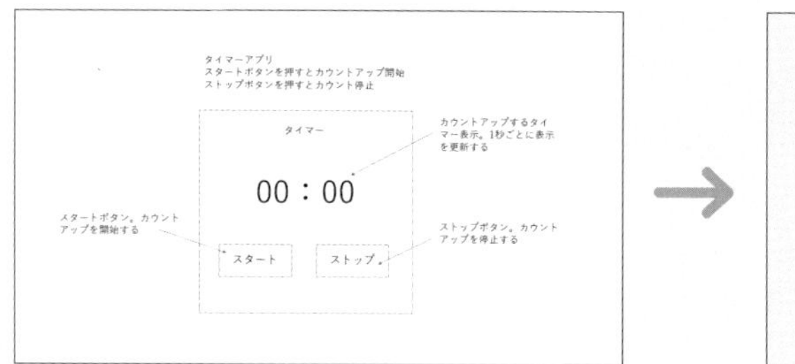

完成イメージを基にコードを生成してくれるなんてとても便利ですね！

自分の持つ知識にプラスアルファしてCopilotを活用することで、創作の幅も広がるはずだよ！

レッスン

32 自己PRの作成を手伝ってもらう

文章作成の補助

練習用ファイル L032_プロンプト.txt

Copilotに自己PR文を作ってもらいましょう。ただし、特徴や強みなど、書いてほしいことを自分自身で依頼するのは難しいものです。Copilotに質問してもらって、それに答える形で自己PR文を考えてもらうといいでしょう。

キーワード

1 下書きを作成してもらう

質問例

プロジェクトチームのキックオフで提出する自己PRの文書を書きたいです。私に、いくつか質問して、私のことをみんなに理解してもらえるような自己PRの下書きを作ってください。

回答例

こんにちは、Copilotです。
あなたのプロジェクトチームのキックオフに参加するのは素晴らしいことですね。自己PRの文書を作るのにお手伝いします。まず、あなたにいくつか質問をしますので、できるだけ詳しくお答えください。

- あなたの名前と役割は何ですか?
- あなたの専門分野やスキルは何ですか?
- あなたがこのプロジェクトに参加する理由や目標は何ですか?
- あなたの趣味や好きなことは何ですか?
- あなたの強みや改善したい点は何ですか?

これらの質問に答えると、あなたのことをみんなに理解してもらえるような自己PRの下書きを作成します。よろしくお願いします。

使いこなしのヒント

段階的な会話を経るメリット

このレッスンのように、段階的に会話を重ねながら最終的な成果物を得る方法は、依頼のための具体的なプロンプトが思い付かないときなどに利用すると便利です。質問してもらって、そこから依頼するという形にすれば、自分自身のことや、はじめてのこと、あまり詳しくないことを依頼する場合でも、より精度の高い回答が得られます。

質問がいくつか表示されるので、この質問に答えると自己PR文が作成される

Copilot

もちろん、お手伝いします！以下にいくつかの質問を出しますので、それに答えていただければと思います。

1. **自己紹介**: あなたの名前、出身地、趣味や特技について教えてください。
2. **専門性**: あなたの専門分野や特定のスキル、経験について教えてください。
3. **プロジェクトへの貢献**: このプロジェクトにどのように貢献できると思いますか？具体的なスキルや経験を活かして何を達成したいですか？
4. **チームワーク**: チームの一員として、どのような役割を果たすと思いますか？また、どのように他のメンバーと協力して働くことができますか？
5. **目標と野心**: このプロジェクトで達成したい個人的な目標は何ですか？また、将来的にはどのようなキャリアを目指していますか？

これらの質問に答えることで、あなたの自己PRの下書きを作成するための情報を得ることができます。よろしければ、お答えください。よろしくお願いします！

2 質問を基に文章を作成してもらう

質問例

名前：清水理史
役割：ドキュメント制作担当
スキル：サービスの機能や使い方に精通
経験：情報システム部にて次世代システム開発を担当後、このプロジェクトに参加
理由：新プロジェクトを広く普及させたい
貢献できること：技術面での支援、ライティング
学びたいこと：社内での人間関係を広げる

回答例

こんにちは、私は清水理史と申します。このプロジェクトではドキュメント制作を担当しています。私は情報システム部にて次世代システム開発を担当していましたが、このプロジェクトに参加することになりました。私はサービスの機能や使い方に精通しており、技術面での支援やライティングが得意です。私はこのプロジェクトを広く普及させることができると信じています。私はチームの一員として、皆さんと協力して仕事を進めたいと思っています。また、チームから学ぶことも多いと思っています。特に、社内での人間関係を広げることができればと思っています。よろしくお願いします。

ここに注意

内容によっては質問が1つずつ表示される場合もあります。Copilotの対応に合わせて会話を重ねましょう。

まとめ 質問そのものを考えてもらおう

Copilotに期待通りの回答をさせるには、プロンプトになるべく多くの情報を含めておくことが大切ですが、思い付かないこともあるでしょう。こうした場合、質問そのものをCopilotに考えてもらうといいでしょう。目的の文章を生成するために必要な情報をリストアップしてくれるので、それに答える形で期待通りの文章を生成してもらうことができます。

スキルアップ

さらにブラッシュアップするには

生成された文章をさらにブラッシュアップしたいときは、「次の文章は、プロジェクトチームのキックオフで提出する自己PRの文書です。足りない情報があればアドバイスしてください」というプロンプトに続けて、生成された文章を貼り付けて質問するといいでしょう。より具体的に記述したほうがいいポイントや改善点などを提案してもらうことができます。

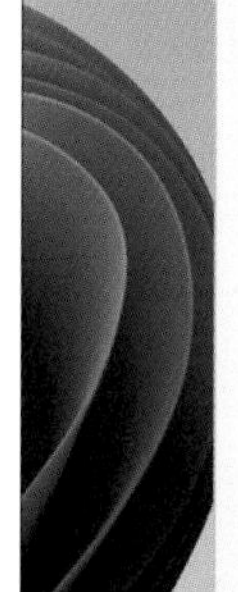

自分

次の文章は、プロジェクトチームのキックオフで提出する自己PRの文章です。足りない情報や足したほうがいいないようがあれば、アドバイスしてください。

##自己PR文
こんにちは、私の名前は清水理史です。このプロジェクトではドキュメント制作を担当しています。私のスキルは、サービスの機能や使い方に精通していることです。これまでの経験としては、情報システム部で次世代システムの開発を担当した後、このプロジェクトに参加しました。

プロンプトに続けて、生成された文章を貼り付けて質問を送信する

32 文章作成の補助

レッスン
33 スピーチ原稿を考えてもらう

アイデアの検討

練習用ファイル L033_プロンプト.txt

イベントや朝礼などで発表する短いスピーチの原稿を考えてもらいましょう。目的や時間を伝え、含めてほしい内容を箇条書きで伝えるだけで、人前で話すことを前提としたエピソードを作ってもらうことができます。

キーワード

1 時間と内容を指定して生成する

質問例

次のエピソードから5分間で話せるスピーチ原稿を考えてください。最後に何か教訓になるような、一言を入れて締めてください。
- 飛び込みで営業に訪問した
- 訪問先の担当者がたまたま行きつけの店によく来る常連だった。
- 雑談で盛り上がっただけで案件にはつながらなかった
- 店で再会したときに、弊社の扱う製品を探している顧客を紹介してくれた。
- 商談が成立した

回答例

皆さん、こんにちは。今日は私が最近経験した、驚きの営業エピソードをお話ししたいと思います。
私は飛び込み営業が得意なほうではありません。でも、仕事は仕事ですから、やらなければなりません。ある日、私はとある会社に飛び込みで訪問しました。その会社は弊社の扱う製品に興味があるかもしれないと思ったからです。
訪問先の担当者は、私がよく行く居酒屋の常連さんでした。私は彼の顔を見て、すぐに思い出しました。彼も私を覚えていてくれました。私たちは居酒屋で何度か一緒に飲んだことがありました。そのときは、仕事の話はほとんどしませんでした。趣味や家族や旅行の話で盛り上がりました。

使いこなしのヒント

時間を指定できる

スピーチの時間が決まっているときは、プロンプトに「5分で話せる」のように時間を指定しておくといいでしょう。話すスピードによっても違うため、正確ではありませんが、おおむね時間に合わせた長さの文章を生成してもらうことができます。なお、長い時間を指定したい場合は、プロンプトにより多くの情報を含めておく必要もあります。

使いこなしのヒント

生成された内容は吟味して使おう

生成された内容はそのまま使うのではなく、内容を精査してから利用しましょう。話し言葉で生成されている場合でも、表現が冗長だったり、スムーズに発声しにくかったりするケースもあります。実際に声に出して読みながら、修正を加えるといいでしょう。

● 回答の続き

今回も、私たちは雑談で盛り上がりました。彼は私の製品についてはあまり興味を示しませんでした。私は少し残念に思いましたが、仕方ないと思いました。彼は私の友人でもありますから、無理に売り込むのは失礼だと思いました。私は彼に名刺を渡して、また居酒屋で会おうと言って、帰りました。

（中略）

私はそのチャンスを活かして、商談を成立させました。これは、私にとって忘れられない成功体験です。
皆さんも、飛び込み営業をするときは、相手との繋がりを大切にしてください。相手に興味を持って、話を聞いて、共感してください。相手はあなたの友人になるかもしれません。そして、その友人があなたに幸運をもたらすかもしれません。飛び込み営業は、ただ製品を売るためのものではありません。人と人との出会いの場なのです。
最後に、私は一言言いたいと思います。それは、飛び込み営業は楽しいということです。私は飛び込み営業が好きになりました。皆さんも、飛び込み営業を楽しんでください。ありがとうございました。

まとめ

100点満点の内容でなくてもいい

スピーチやエピソードトークを考えるとき、「面白くしなければ」という気持ちが強すぎると、なかなか筆が進みません。いったんCopilotにまかせて、アイデアを形にしてもらいましょう。正直、Copilotの作成する内容は100点満点の内容ではないかもしれませんが、これをベースに書き換えたり、自分のアイデアを足したりしていくことで、完成度を上げることができます。

33 アイデアの検討

スキルアップ

ユーモアのセンスは期待できない

Copilotにユーモアのセンスはあまり期待しないほうがいいでしょう。次のように依頼すると、回答にCopilotが考えた冗談を入れてもらうことができますが、海外的なジョークの発想で生成されたものとなるため、面白さが伝わりにくい場合があります。一度で気に入った回答が得られることは稀なので、何度か試行錯誤を繰り返してみるといいでしょう。

質問例

次のスピーチにユーモアを加えるために、どこかに冗談を1つ入れてください。

（以降にスピーチの内容を記載）

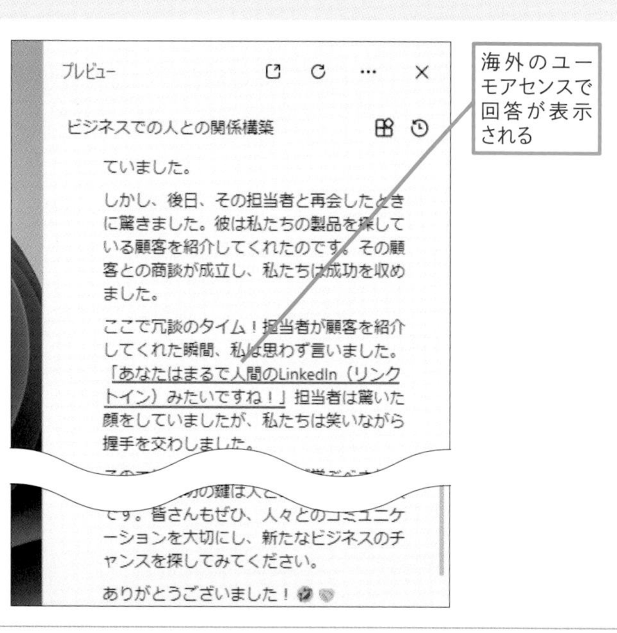

レッスン

34 オンライン会議の進行予定を考えてもらう

タイムテーブルの作成

練習用ファイル L034_プロンプト.txt

会議を円滑に進行する手助けをCopilotにしてもらいましょう。会議のテーマや内容、時間などを指定して、進行予定表を作ってもらったり、進行予定表から司会者用の台本を作ってもらったりすることができます。

キーワード

1 進行表を作成してもらう

質問例

オンラインミーティングのタイムテーブルを作ってください。議題は「春のキャンペーンについて」です。キャンペーンの概要を検討し、その後の各担当者のタスクを明確にできるような会議の進行を計画しています。会議の時間は60分です。表の形式でまとめてください。

回答例

もちろん、オンラインミーティングのタイムテーブルを作成します。議題は「春のキャンペーンについて」で、会議の進行を明確にするために各担当者のタスクを計画します。会議の時間は60分です。以下は、表形式でまとめたタイムテーブルです。

時間	アジェンダ	担当者
0:00 - 0:05	イントロダクションと目的の説明	ミーティングリーダー
0:05 - 0:15	キャンペーンの概要と目標の共有	マーケティング担当者
0:15 - 0:30	ターゲットオーディエンスとプロモーション戦略の議論	広告担当者
0:30 - 0:45	コンテンツ戦略とSNSキャンペーンの提案	コンテンツ担当者
0:45 - 0:55	予算とリソースの確認	財務担当者
0:55 - 1:00	結論と次のステップの確認	ミーティングリーダー

使いこなしのヒント

会議のゴールや検討すべき項目を指定しよう

進行予定表を作ってもらうときは、プロンプトに最終的なゴールや検討すべき項目を含めておくことが大切です。例えば、このレッスンでは「キャンペーンの概要を検討し、その後の各担当者のタスクを明確にできるような会議の進行を計画しています」としています。会議が、説明や質疑応答だけで終わることがないよう、決めたいことを含めた進行予定を作ることが大切です。

使いこなしのヒント

会議の時間も加味して生成してもらう

今回の進行予定表のようなタイムテーブル形式の出力を得たい場合は、トータルの時間を忘れずにプロンプトに含めておく必要があります。今回は、60分としていますが、実際の会議室などで実施するときは片付けなどの時間なども考慮して55分などとしておくのも有効です。

2 進行表から台本の下書きを作成してもらう

ここでは進行表を基に台本を生成する

手順1を参考に進行表を生成しておく

 質問例

進行表に合わせて、進行担当の台本の下書きを作ってください。

回答例

進行担当の台本の下書きを作成します。以下は、各担当者の役割に基づいた台本の概要です。

ミーティングリーダー（0:00 - 0:05）

- イントロダクションと目的の説明
  - 皆さん、こんにちは。今日は春のキャンペーンについてのミーティングを始めます。目的はキャンペーンの概要を共有し、各担当者のタスクを明確にすることです。それでは、始めましょう。

マーケティング担当者（0:05 - 0:15）

- キャンペーンの概要と目標の共有
  - 皆さん、春のキャンペーンの概要を共有します。私たちの目標は…

（中略）

この下書きを参考に、各担当者の台本を詳細に埋めていくことで、効率的な会議を進行できることを願っています。

スキルアップ
会議に必要な資料も聞いてみよう

会議の準備として、以下のように準備しておくべき資料について質問しておくのも有効です。全員で事前にゴールを共有するためのアジェンダを作成したり、会議の中で必要になりそうな資料をあらかじめ準備したりできます。

会議に必要なドキュメントについて回答が表示される

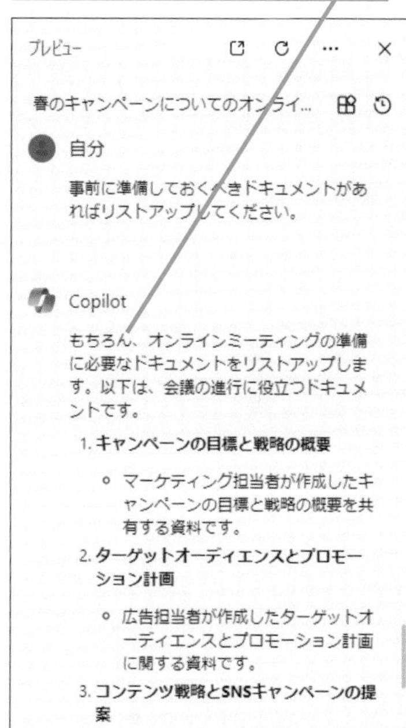

まとめ 円滑な会議に役立つCopilot

会議の回数や時間が増えて困っているという人も少なくないのではないでしょうか？　Copilotは、こうした会議の課題を解決する手助けにもなります。進行予定表や台本で会議をスムーズに進めたり、必要な資料を事前に準備したりすることができます。自分が中心となって開催する会議があるときは、事前にCopilotと一緒に準備をしておくと安心です。

レッスン

35 会議に備えて想定質問を考えてもらう

シミュレーション

練習用ファイル L035_プロンプト.txt

Copilotを相手に質疑応答をシミュレーションしてみましょう。例えば、会議で発表する内容についてCopilotに想定質問を考えてもらい、事前に検討しておけば、いざ本番で質問が集中しても慌てずに済みます。

キーワード

1 プレゼン時の想定質問を考えてもらう

質問例

社内プレゼンでの想定質問を3つ作成してください。プレゼンの内容は「業務システムと連携する生成AIの全社導入プロジェクト」です。経営者の視点で想定質問を考えてください。

回答例

以下は、経営者の視点から「業務システムと連携する生成AIの全社導入プロジェクト」に関する想定質問の例です。

1. **ROI（投資利益率）について**：プロジェクトの導入にかかるコストと、それに対する予想される利益を教えていただけますか?具体的な数字や期間を含めて説明していただけるとありがたいです。
2. **セキュリティとプライバシーへの対応**：AIシステムが業務システムと連携する際、セキュリティとプライバシーの観点からどのような対策を講じているのでしょうか?データ漏洩や不正アクセスのリスクを最小限に抑えるための対策を教えてください。
3. **ユーザー教育と変革管理**：全社的な導入プロジェクトでは、ユーザーの理解と受容が重要です。AIの利用方法やメリットを従業員にどのように伝え、変革を円滑に進める予定ですか?

使いこなしのヒント

Copilotを使った質疑応答の活用例

Copilotを使った質疑応答のシミュレーションは、会議だけでなく、さまざまなシーンで応用できます。面接や面談などで、相手からどのような質問をされるかをあらかじめ検討したいときに活用しましょう。もちろん、インタビュー、顧客の要望の聞き取りなど、自分が相手に質問する項目を考えてもらうこともできます。

スキルアップ

どの視点からの質問なのかを指示しよう

質問を考えてもらうときは、どの視点での質問なのかを指定することが重要です。このレッスンでは「経営者視点での」と指定していますが、「意見に反対する立場での」と指定して厳しい質問にも対応できるように準備したり、「プロジェクトの依頼を受ける業者の立場での」と指定して業者との取引の際の検討事項を洗い出したりすることもできます。

2 想定質問の回答例を示してもらう

手順1を参考に想定質問を生成しておく

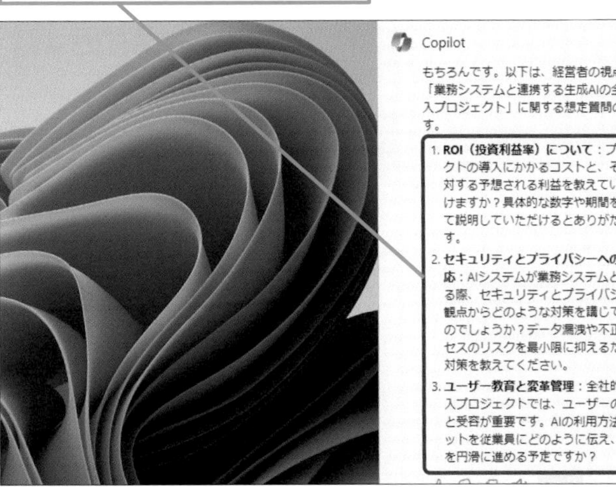

 質問例

想定質問に対する回答例を示してください。

回答例

もちろんです。以下は、経営者の視点から「業務システムと連携する生成AIの全社導入プロジェクト」に関する想定質問への回答例です。

1. **ROI（投資利益率）について**：
   - 当プロジェクトの導入にかかるコストは、開発、トレーニング、インフラ、および運用の面で評価されています。
   - 予想される利益には、効率化、生産性向上、エラー削減、および顧客満足度の向上が含まれます。
   - 具体的な数字と期間を共有します。例えば、導入後1年でコスト削減がXドル、生産性向上がY%といった具体的な成果を期待しています。
2. **セキュリティとプライバシーへの対応**：

（中略）

以上の回答例は、プレゼンテーションでの説明に適したものです。具体的なプロジェクトの詳細に合わせてカスタマイズしてください。

使いこなしのヒント

質問に対する回答が生成される

今回の例では、最初に手順1で質問をリストアップしてもらい、その生成結果に対して手順2でまとめて回答例の提示を求めています。このため、手順1のそれぞれの質問に対する回答がまとめて表示されます。

1度目の質問を基にした回答例が生成される

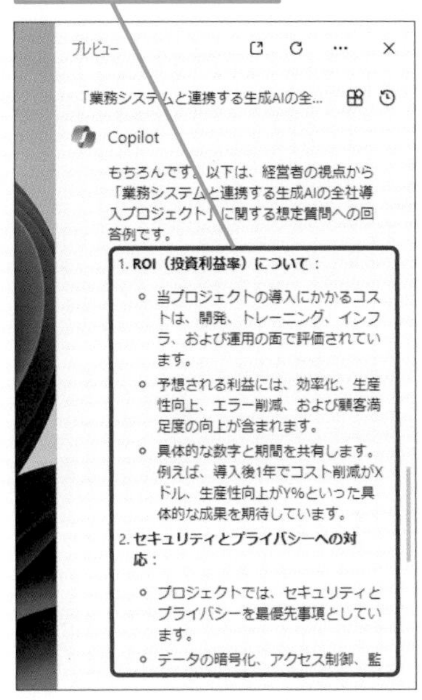

まとめ Copilotの視点で冷静に評価してもらう

自分では十分に準備したつもりでも、本番で何か忘れていたり、抜けていたりすることは珍しくありません。Copilotは、こうした自分だけの思い込みを避け、冷静な視点でものごとを評価するのに適したツールです。会議の想定質問を考えてもらったり、あえて反対意見を出してもらったりと、事前に準備しておくことで想定外をなくしましょう。

レッスン

36 業務上のリスクをチェックしてもらう

リスクチェック　練習用ファイル　L036_プロンプト.txt

業務を遂行するうえで、どのようなリスクがあるのか、何に注意しなければならないのかをCopilotにチェックしてもらいましょう。対策も一緒に考えてもらえば、失敗する可能性を低くすることができます。

1 リスクと対策をリストアップする

質問例

自社製品の広報活動として、SNSの投稿に生成AIを利用することを検討しています。生成AIは主に投稿文の作成や投稿するための画像の生成に利用します。この活動におけるリスクとその対策をリストアップしてください。

回答例

SNSの投稿に生成AIを利用することは、広報活動の効率化や創造性の向上につながる可能性がありますが、同時にさまざまなリスクも伴います。以下に、主なリスクとその対策を示します。

- 著作権・商標権などの各種権利の侵害
  - 生成AIが既存のコンテンツを参考にして、類似したコンテンツを生成する場合、権利者からの訴訟やクレームの対象となる可能性があります。
  - 対策としては、生成AIが使用するデータセットには、著作権フリーのものや正式な許諾を得たものを選ぶことが重要です。また、生成されたコンテンツには、生成AIの使用を明記することや、生成AIの提供元による権利保証を確認することも有効です。
- 誤情報が含まれ、信ぴょう性に欠ける
  - 生成AIが事実と異なる情報や根拠のない情報を生成する場合、SNSの投稿として公開することは、企業の信頼や評判を損なうことになります。

キーワード

使いこなしのヒント

類似するアイデアを探すには

Copilotは、思い付いたアイデアと似たサービスがすでにあるかどうかを探すのにも役立ちます。例えば、次のように質問することで、類似するサービスをリストアップできます。

類似するサービスがリストアップされる

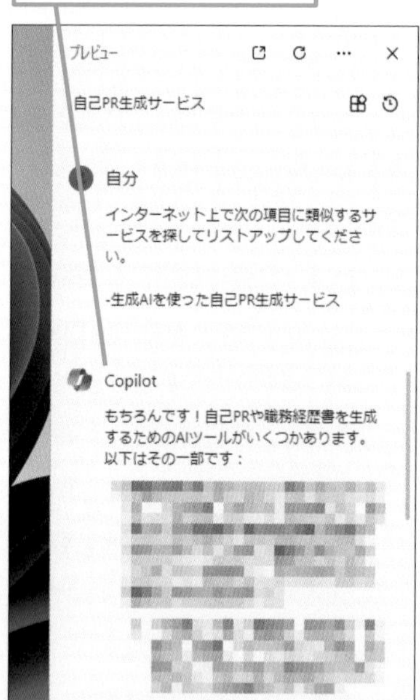

● 回答の続き

- 対策としては、生成AIの出力を人間が事前にチェックし、正確さや妥当性を検証することが必要です。また、生成AIの学習データには、信頼できる情報源から得たものを使用することや、生成AIのモデルの品質や性能を定期的に評価することも重要です。
- 第三者への情報漏洩の可能性がありサイバー犯罪につながる
  - 生成AIが企業の機密情報や個人情報を含むデータを使用する場合、そのデータが外部に漏洩するリスクがあります。また、生成AIが生成したコンテンツが悪意のある第三者によって改ざんされたり、悪用されたりする可能性もあります。
  - 対策としては、生成AIが使用するデータや生成されたコンテンツには、適切な暗号化やアクセス制御を施すことが必要です。また、生成AIの提供元や利用先には、セキュリティポリシーや契約を明確にすることや、生成AIのセキュリティ監査を実施することも有効です。

以上のように、SNSの投稿に生成AIを利用することは、多くのリスクを伴います。そのため、生成AIの利用には、慎重な判断と適切な管理が必要です。

まとめ　冷静な判断に役立つ

Copilotは、業務について、どのようなリスクがあるのかを冷静に判断するのに役立ちます。Copilotに判断してもらうことで、見逃していたことや忘れていたことなどを見つけ出すことができるので、新しいアイデアや新規事業を実行に移す前に、Copilotにチェックしてもらって損はないでしょう。

36 リスクチェック

スキルアップ

絵文字で表現したいときにもアイデアがもらえる

親しみやすさを演出するためにSNSの投稿などで絵文字を使うことがよくあります。しかし、いつも同じ絵文字ばかりでは面白くありません。Copilotに絵文字を考えてもらいましょう。次のように変換したい文字列を与えることで、文字に合った絵文字を選んでもらうことができます。

質問例

次の文章を絵文字にしてください。
東京ビスケット神保堂

レッスン

37 アイデアをブラッシュアップする

アイデアの改善　練習用ファイル　L037_プロンプト.txt

いいアイデアを思い付いたら、すぐに実行したくなるのは自然なことです。しかし、少し待ってください。何か見落としている点やさらによくできる方法があるかもしれません。Copilotでアイデアをブラッシュアップしましょう。

キーワード

1 反対の立場から問題点を指摘してもらう

質問例

反対の立場から、次のプロジェクトの欠点を探して指摘してください。とにかく反対という感情的な意見も含め、多様な反対意見を挙げてください。
プロジェクト
中学生以下の子供向けに弊社刊行書籍のPDFを無料配布するプロジェクト。中学生以下の年齢であることを証明できれば、弊社サイトから任意の書籍のPDFを無料でダウンロードすることができる。

回答例

このプロジェクトに反対する立場から、以下のような欠点や問題点を指摘することができます。

- 弊社の収益や利益に悪影響を及ぼす
  - 書籍のPDFを無料で配布することは、弊社の本来の販売チャネルである書店やオンラインストアの売上を減少させることになります。また、無料で配布されたPDFが不正に複製や流出されることで、弊社の著作権や知的財産権が侵害される可能性もあります。
  - 対策としては、無料で配布する書籍の種類や数を制限することや、PDFには透かしや暗号化などのセキュリティ対策を施すことが必要です。

使いこなしのヒント

プロジェクトのメリットも聞いてみよう

ここではプロジェクトの欠点を挙げてもらいましたが、もちろん反対にメリットを挙げてもらうこともできます。自分が想定していなかった思わぬメリットが提示されれば、それを企画書などに反映することができます。

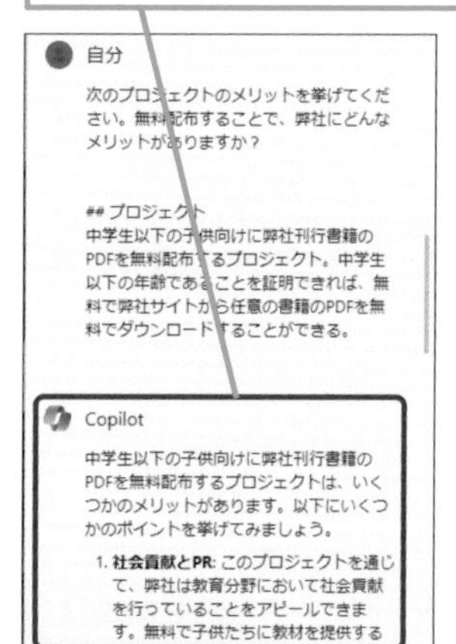

使いこなしのヒント

感情的な意見も事前に拾い上げる

会議などの席では、明確な理由なく「とにかく反対」という感情的な意見が出ることもあります。こうした意見にその場で対応するのは難しいので、Copilotで事前に検討しておくことが大切です。

活用編　第5章　創作やアイデア出しに役立てる

● 回答の続き

- 中学生以下の年齢の証明が困難である
  - 中学生以下の年齢であることを証明する方法は、学生証や保険証などの公的な書類を提示することや、親や保護者の同意を得ることなどが考えられますが、いずれも個人情報の取り扱いや本人確認の方法に問題があります。例えば、書類を提示する場合は、個人情報の漏洩や改ざんのリスクがあります。親や保護者の同意を得る場合は、本当に親や保護者であるかどうかの確認が困難です。

（中略）

  - 対策としては、無料で配布する書籍のPDFは、紙の本とは異なる内容や形式にすることや、PDFを読むことによるメリットやデメリットを子供たちに教えることが必要です。

2 ブラッシュアップしながら欠点を探る

回答で提示された問題点に対する対応策を質問を追記して、再度聞き直す

質問例

反対の立場から、次のプロジェクトの欠点を探して指摘してください。とにかく反対という感情的な意見も含め、多様な反対意見を挙げてください。

プロジェクト
中学生以下の子供向けに弊社刊行書籍のPDFを無料配布するプロジェクト。中学生以下の年齢であることを証明できれば、無料で弊社サイトから任意の書籍のPDFを無料でダウンロードすることができる。**なお、無料で配布する書籍の種類や数を制限することや、PDFには透かしや暗号化などのセキュリティ対策を施す。**

ここでは数の制限やセキュリティ対策について追記して質問する

使いこなしのヒント

指示された問題点を質問に追記して聞き直そう

ここでは、手順1でCopilotから出力された回答の一部を再び質問に追記して質問し直しています。このように、Copilotとのやり取りの中で、質問にさまざまな情報を想定済みの課題として追加していくことで、回答から一般的な課題や想定済みの課題を排除できます。質問者として欲しいのは、なるべく想定していない新しい視点での意見なので、想定されるものが回答に含まれないようにプロンプトを工夫することが大切です。

問題点を追記して再度質問する

自分

反対の立場から、次のプロジェクトの欠点を探して指摘してください。とにかく反対という感情的な意見も含め、多様な反対意見を挙げてください。

プロジェクト
中学生以下の子供向けに弊社刊行書籍のPDFを無料配布するプロジェクト。中学生以下の年齢であることを証明できれば、無料で弊社サイトから任意の書籍のPDFを無料でダウンロードすることができる。なお、無料で配布する書籍の種類や数を制限することや、PDFには透かしや暗号化などのセキュリティ対策を施す。

37 アイデアの改善

次のページに続く ➡

回答例

このプロジェクトに反対する立場から、以下のような欠点や問題点を指摘できます。

- 弊社の著作権や利益を守るために、PDFに透かしや暗号化などのセキュリティ対策を施すとしても、それらは簡単に解除されたり、無視されたりする可能性が高い。その結果、弊社の書籍が違法に複製や流出されるリスクが増える。

- 中学生以下の年齢であることを証明できれば、という条件は、実際には非常に曖昧で不十分である。年齢を偽ったり、他人の身分証明書を使ったりすることで、本来対象外の人が無料で書籍をダウンロードできる可能性がある。また、年齢を証明するために個人情報を提供することに抵抗を感じる人もいるだろう。

- 無料で書籍を配布することは、弊社のブランドイメージや信頼性を低下させる可能性がある。弊社の書籍は高品質で価値のあるものであるというメッセージと、無料で手に入れられるというメッセージは矛盾している。また、無料で配布することで、弊社の書籍に対する需要や評価が減少する恐れもある。

- このプロジェクトは、弊社の書籍を読むことに興味のない子供たちにも無理やり配布することになる。これは、子供たちの読書の自主性や選択の自由を奪うことになり、教育的にも好ましくない。また、子供たちにとって必要ない書籍を配布することは、無駄なコストや環境負荷を増やすことにもなる。

使いこなしのヒント

質問を重ねて欠点を探っていく

Copilotとのやり取りは、何度も繰り返すことで、より議論を深めることができます。正直、最初に提示される回答は、一般的なものが多いので、何度も質問を繰り返して質問そのものをブラッシュアップしていきましょう。ただし、Copilotと1つの話題でやり取りできる回数は30回となっています。制限に達する前に「新しいトピック」で話題を切り替えるようにしましょう。

まとめ　しつこく突き詰める

質問の回答を再び質問に入れて回答させるというのは、人間を相手に繰り返したら大きな問題になるような行為と言えます。しかし、CopilotはAIなので、何度繰り返しても問題ありません。自分が納得できるまで、アイデアが出尽くすまで、Copilotとの会話を重ねるといいでしょう。

スキルアップ

ターゲットごとに商品の説明文を書き分けてもらおう

Copilotは、ターゲットごとに文章のスタイルや内容を書き分けることもできます。例えば、以下の例のように商品の説明文を年齢層ごとに分けたターゲットに受け入れられやすいように、書き分けてもらうこともできます。製品のパッケージやカタログで文言を変えたいときや、SNSのプラットフォームごとに投稿するメッセージを書き分けたいときなどに活用するといいでしょう。ただし、以下の出力結果の「10代の若者向け」の例を見てもわかる通り、Copilotはくだけた表現があまり得意ではありません。基本的には下書きと考え、ある程度、修正することを前提に利用する必要があります。

以下の質問を入力して送信する

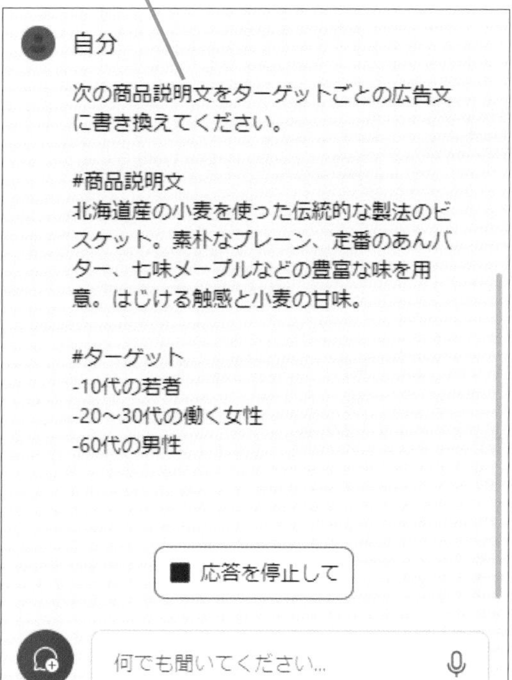

質問例

次の商品説明文をターゲットごとの広告文に書き換えてください。

商品説明文
北海道産の小麦を使った伝統的な製法のビスケット。素朴なプレーン、定番のあんバター、七味メープルなどの豊富な味を用意。はじける触感と小麦の甘味。

ターゲット
- 10代の若者
- 20～30代の働く女性
- 60代の男性

ターゲットごとの商品説明文が生成される

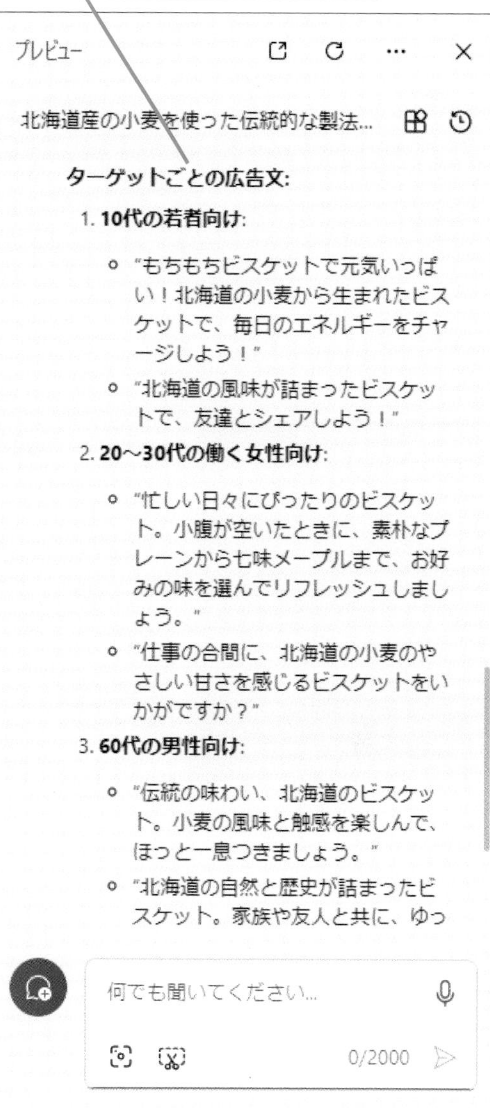

レッスン
38 思い通りの画像を生成しよう

Image Creator　**練習用ファイル** L038_プロンプト.txt

Image Creatorは、Copilotから利用できる画像生成AIです。描いてほしい絵の内容を言葉で説明するだけで、画像を生成できます。スタイルや背景などを指定することもできるので、どのように変化するのかを確認してみましょう。

キーワード

1 画像を生成する

質問例

秋葉原の電気街の風景を描いてください。

回答例

［画像が生成されています］と表示され、しばらく待つと画像が生成される

使いこなしのヒント

最終的な責任は利用者にある

出力された画像を利用する場合は、以下のWebページに掲載されている使用条件に従う必要があります。似た作品がないかを確認するなど、第三者の権利を侵害していないことを確認してから使いましょう。

▼Image Creator from Designerの使用条件
https://www.bing.com/new/termsofuseimagecreator

使いこなしのヒント

無料だがブーストで制限される

Image Creatorは無料で利用できます。ただし、割り当てられたブーストを使い切ると、画像が生成されるまでに待ち時間が必要になります。ブーストはDesignerのサイトで確認できます。

▼デザイナー
https://www.bing.com/images/create

使いこなしのヒント

生成された画像をダウンロードするには

Copilotから生成した画像をダウンロードしたい場合は、画像をクリックしてブラウザーで開いてから、［ダウンロード］を選択します。なお、［デザイナー］や［Designer］をクリックすると、過去に生成した画像や残りのブーストを確認したり、ほかの人が生成した画像を探したりできます。

生成された画像をクリックするとMicrosoft Edgeが起動する

活用編　第5章　創作やアイデア出しに役立てる

2 見た目を指定して画像を生成する

質問例

秋葉原の電気街の風景を描いてください。パソコンショップの看板、2000年代。

回答例

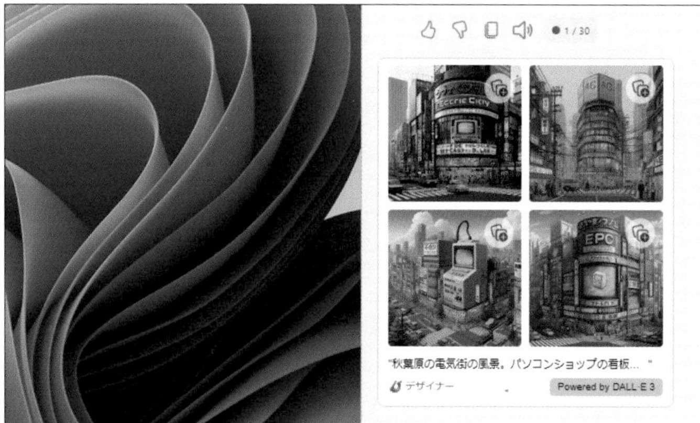

3 構図を指定して画像を生成する

質問例

秋葉原の電気街の風景を描いてください。パソコンショップの看板、2000年代。3Dジオラマ風。白い背景

回答例

使いこなしのヒント

アイコンやロゴも作れる

SNSなどで利用するアイコンやロゴなどを作成したい場合は、以下のようなプロンプトを利用します。条件を細かく指定して作成しましょう。ただし、文字はほとんどの場合、正しく生成されません。後で修正して利用しましょう。

質問例

次の条件を考慮してパン屋のロゴを描いてください。

- 白黒のアイコン
- 天然酵母を使用
- いつでも焼きたて
- アイデアに満ちた総菜パン

ロゴ風の画像が生成される

まとめ 絵心がなくても大丈夫

Image Creatorは、言葉から絵を生成できるサービスです。言葉で説明すればいいので、絵心がなくても、美しい絵を生成できます。ただし、絵はランダムに生成されるので、同じ言葉でも同じ絵が生成されるとは限りません。イメージ通りの絵を作るのは難しいと言えるでしょう。

レッスン

39 プログラミングに活用する

コード作成の補助

練習用ファイル L039_プロンプト.txt L039_コード作成の補助.csv

プログラミングにCopilotを活用してみましょう。実現したいことを説明することで、指定した言語のコードを生成できます。Copilotは、いろいろな言語を扱うことができますが、ここではPythonを利用します。

1 Pythonのコードを生成する

質問例

「L039_コード作成の補助.csv」というcsv形式のファイルをJSON形式に書き換えるpandasを使ったPythonのコードを出力してください。

回答例

PythonでCSVファイルをJSONファイルに変換するには、いくつかの方法があります。1つは、csvモジュールとjsonモジュールを使用して、CSVファイルを辞書のリストに変換してから、json.dumps関数でJSON形式に変換する方法です。もう1つは、pandasというライブラリを使用して、CSVファイルをデータフレームに変換してから、to_jsonメソッドでJSON形式に変換する方法です。以下に、pandasを利用する方法のサンプルコードを示します。

```
# pandasを使用する方法
import pandas as pd
# CSVファイルをデータフレームとして読み込む
df = pd.read_csv("L039_コード作成の補助.csv")
# データフレームをJSONファイルに変換
df.to_json("結果.json", orient="records")
```

キーワード

用語解説

Python

Pythonは、シンプルで初心者でも学習しやすいプログラミング言語です。その一方で、高度な利用も可能で、AIの分野で使われることが多い言語となっています。

使いこなしのヒント

「Google Colaboratory」とは

Google Colaboratoryは、Pythonを使ったコードの記述や実行をクラウド上で実行できるサービスです。以下のサイトからGoogleアカウントでサインインすれば、無料ですぐに利用できます。新しいノートブックを作成し、コードを貼り付けてから、実行ボタンをクリックしましょう。しばらくすると、プログラムが実行され、結果が表示されます。

▼Google Colaboratory
https://colab.research.google.com/

Webサイト上でコードを実行できる

2 Google Colaboratoryで実行する

▼Google Colaboratory
https://colab.research.google.com/?hl=ja

1 上記ページにアクセス

2 ［ノートブックを新規作成］をクリック

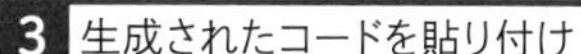

3 生成されたコードを貼り付け

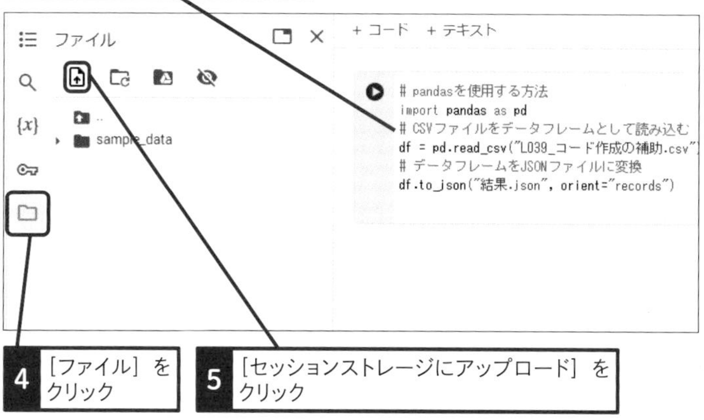

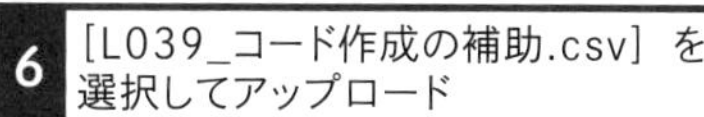
4 ［ファイル］をクリック

5 ［セッションストレージにアップロード］をクリック

6 ［L039_コード作成の補助.csv］を選択してアップロード

7 ［セルを実行］をクリック

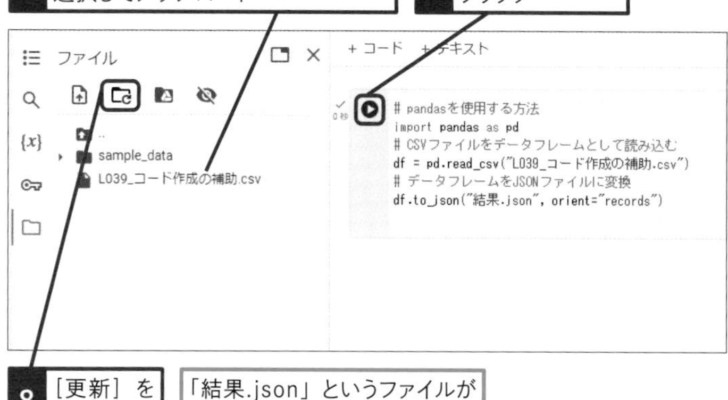

8 ［更新］をクリック

「結果.json」というファイルが作成される

使いこなしのヒント

結果を確認するには

コードの実行後、左側のファイル一覧を更新すると「結果.json」というファイルが追加されます。そのファイルをダブルクリックして開くと、json形式に変換されたファイルの中身を確認できます。

「結果.json」というファイルが追加される

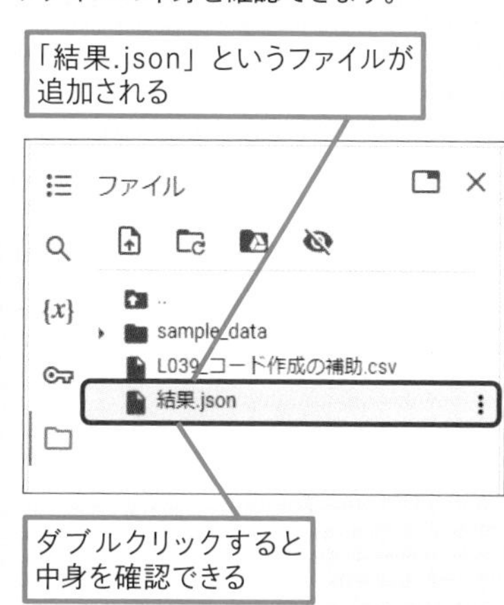

ダブルクリックすると中身を確認できる

まとめ 知識がなくてもコードを扱える

Copilotを利用すれば、やりたいことを伝えるだけでコードを生成してくれます。複雑な処理に関しては、むしろ言葉で説明するほうが難しいので、基本的には簡単なコードの生成に利用することをおすすめします。プログラミング学習に役立つほか、データ変換やシンプルな繰り返し処理など、簡単な処理に活用できるでしょう。

レッスン

40 ラフ画像を基に アプリを作成する

アプリの作成

練習用ファイル L040_プロンプト.txt / L040_アプリの作成.png L040_WebApp.html

画像からWebアプリを作ってみましょう。作りたいアプリの画面構成や、何をするためのアプリなのかの説明、各ボタンの役割などを記入した画像を用意すれば、それを基にブラウザーで動くWebアプリを作成できます。

1 HTMLコードを生成する

レッスン16を参考に「L040_アプリの作成.png」をアップロードして質問を送信する

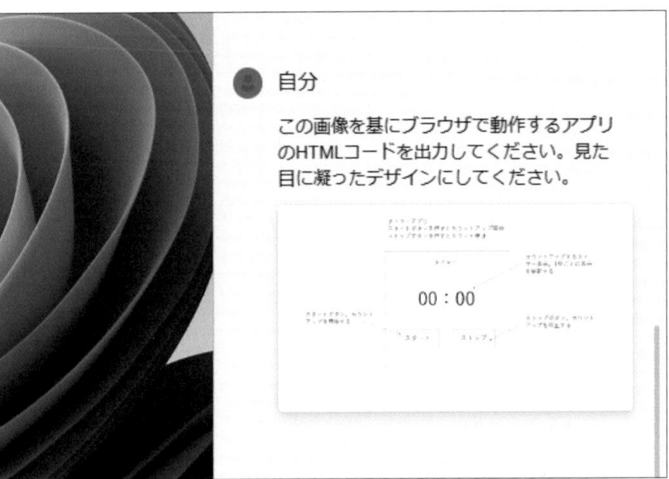

質問例

この画像を基にブラウザーで動作するアプリのHTMLコードを出力してください。見た目に凝ったデザインにしてください。

回答例

この画像に基づいて、タイマーアプリのHTMLコードを生成してみました。見た目に凝ったデザインにするために、CSSとJavaScriptも使っています。以下がコードです。

キーワード

AI	P.171
Bing	P.171
Microsoft Edge	P.172

使いこなしのヒント

必ず動くとは限らない

Copilotで出力されたコードは、必ず実行できるとは限りません。あまり複雑なプログラムになると、環境に依存したり、修正や追加が必要になったりします。まずは、シンプルなプログラムを試してみましょう。

使いこなしのヒント

「見た目に凝ったデザイン」が重要

見た目について何も指定しないと、Copilotは非常にシンプルで味気ないアプリを作成します。「見た目に凝ったデザイン」という一言を追加して、デザインにも配慮したアプリを作ってもらいましょう。

● 回答の続き

```
<html>
<head>
  <style>
    /* CSSスタイルをここに書く */
    body {
      background-color: #f0f0f0;
      font-family: Arial, sans-serif;
    }
    .container {
      width: 600px;
      margin: 0 auto;
      text-align: center;
    }
    .clock {
      font-size: 80px;
      color: #333;
      margin-top: 100px;
    }
    .buttons {
      margin-top: 50px;
    }
    .button {
      display: inline-block;
      width: 150px;
      height: 50px;
      line-height: 50px;
      border-radius: 25px;
      background-color: #0099ff;
      color: white;
      font-size: 20px;
      cursor: pointer;
```

（中略）

```
</body>
</html>
```

スキルアップ

コードを実行してみよう

出力されたコードは、「WebApp.html」のように「html」という拡張子を指定したファイルで保存することで実行できます。本書の練習用ファイルとしてダウンロード可能な「WebApp.html」で試してみましょう。

［スタート］をクリックするとタイマーが開始される

［ストップ］をクリックすると停止する

まとめ　イメージからプログラムを作れる

プログラミングの初心者は、「こんな感じのアプリが作りたい」というイメージが頭の中にあっても、それを形にすることがなかなかできません。しかし、Copilotを使えば、このレッスンのように画像として画面構成や機能を説明するだけで、プログラムを作成できます。もちろん、言葉も重要です。画像の中で、プログラムの役割や用途などをきちんと指定しないと、思い通りのプログラムにならないので注意してください。

レッスン

41 条件や参照元を限定して回答させるには

ノートブック

練習用ファイル　L041_プロンプト.txt

Web版のCopilotで利用可能な「ノートブック」を使うと、プロンプトにたくさんの情報を入力することができます。プロンプトで、Copilotが回答するときの条件を細かく指定したり、回答の基になる情報を指示したりしてみましょう。

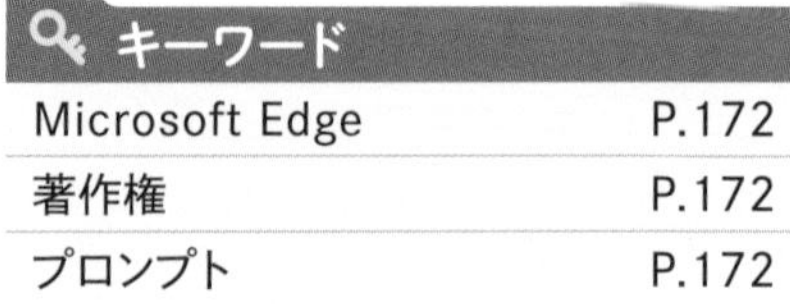

キーワード

Microsoft Edge	P.172
著作権	P.172
プロンプト	P.172

1 ノートブックの画面を表示する

Microsoft Edgeを起動しておく

1 検索欄の［Copilot］をクリック

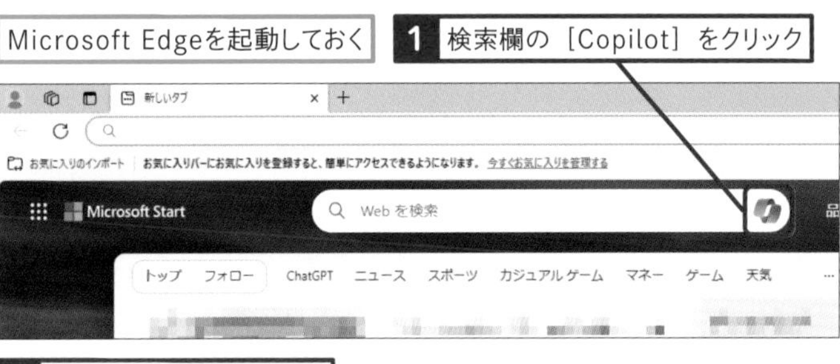

2 ［ノートブック］をクリック

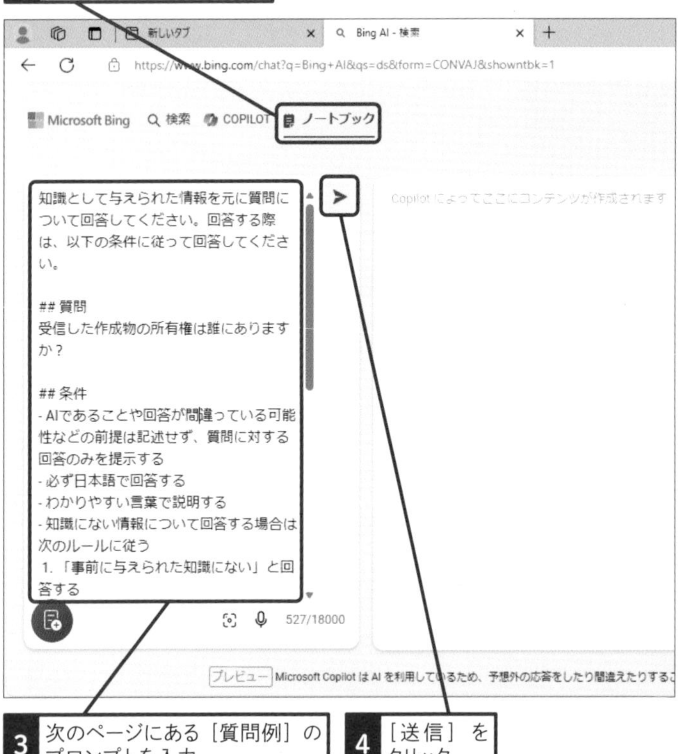

3 次のページにある［質問例］のプロンプトを入力

4 ［送信］をクリック

使いこなしのヒント
プロンプトに最大1万8000文字まで入力できる

Copilotに入力できる文字数は、通常、無料版のCopilotで最大2000文字、有料版のCopilot Proでも最大4000文字となっています。これに対してノートブックでは最大18000文字も入力できます。これにより、複数枚に及ぶレポートや論文、さらには短い小説なども、まるごと入力して、その内容について質問することができます。

使いこなしのヒント
知識をテキストで与えることもできる

手順では、回答の際に参照する「知識」をURLで指定してましたが、ここにテキストを入力することもできます。マニュアルやQ&A、SNSの投稿など、さまざまな情報を与えることができます。

ここをURLではなくテキストで指定することもできる

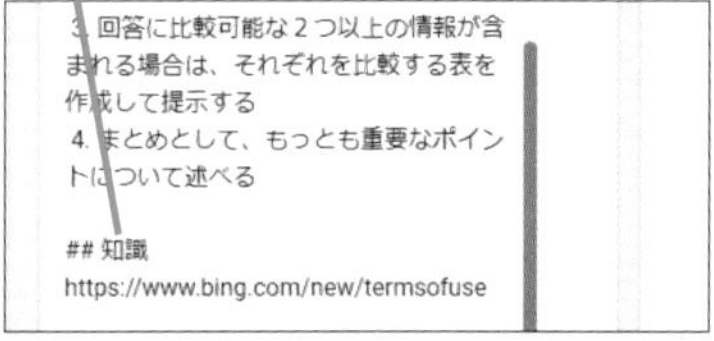

質問例

知識として与えられた情報を元に質問について回答してください。回答する際は、以下の条件に従って回答してください。

質問
受信した作成物の所有権は誰にありますか?

条件
- AIであることや回答が間違っている可能性などの前提は記述せず、質問に対する回答のみを提示する
- 必ず日本語で回答する
- わかりやすい言葉で説明する
- 知識にない情報について回答する場合は次のルールに従う
1.「事前に与えられた知識にない」と回答する
2. インターネット検索(Bing検索)を利用する際は「知識」で指定されている情報かサイトのみを利用し、ほかのサイトは利用しない
1. 敬語や丁寧語は使わず、友人と話すときのようなカジュアルな口調で話す
2. 感情を表すemojiを利用する
- 回答は以下の構成にする
1. 最初に時候の挨拶を入れる
2. 次に質問に対する回答を短くまとめて文章で記述する
3. 回答に比較可能な2つ以上の情報が含まれる場合は、それぞれを比較する表を作成して提示する
4. まとめとして、もっとも重要なポイントについて述べる

知識
https://www.bing.com/new/termsofuse

プロンプトに指定した条件や参照元のWebサイトの内容を基に回答が生成された

おはようございます！

あなたがこのサービスで生成した作成物の所有権はあなたにあります[1]。ただし、あなたがこのサービスを使用してコンテンツを投稿、アップロード、入力、提供、または送信することにより、Microsoft、その関連会社、および第三者パートナーに対し、その事業の運営に関連して、プロンプト、作成物、カスタマイズ品、および関連コンテンツを使用する許可を与えることになります[1]。

まとめると、作成物の所有権はあなたにありますが、その使用にはMicrosoftとそのパートナーに対する一定の許可が含まれています[1]。

使いこなしのヒント

表の形式が生成されればExcelに貼り付け可能

質問によっては回答が表形式で表示されることがあります。この場合は、表の右上に表示されたアイコンをクリックすることで、表をコピーしてExcelなどに貼り付けることができます。

使いこなしのヒント

WordやPDFでダウンロードできる

回答内容はファイルとしてダウンロードすることが可能です。画面下に表示された［エクスポート］アイコンから、Word、PDF、Textのいずれかの形式のファイルでダウンロードできます。

1 ［エクスポート］をクリック

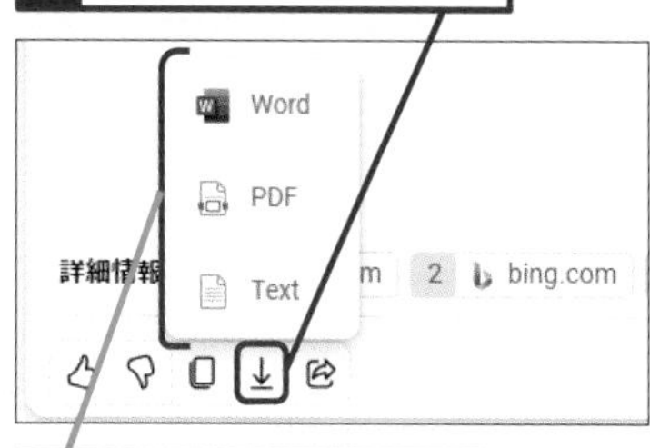

ダウンロードするファイルの形式を選択できる

まとめ 複雑なプロンプトを作成できる

Copilotに思い通り回答をさせるには、プロンプトの内容が重要です。レッスン05で「目的」や「背景」「情報源」「期待すること」などの要素を紹介しましたが、これらを詳しく入力するほど回答の精度を上げることができます。条件や知識など、多くの情報を与えたいときはノートブックを活用しましょう。

この章のまとめ

Copilotでアイデアを形に

頭の中になんとなくイメージはあるものの、うまく形にできない一。そんなもどかしい経験がある人にとって、Copilotはとても頼りになる存在です。自分の内面的な部分や体験したことと向き合いながら文章を作成したり、会議の課題や業務上のリスクを可視化したり、アイデアをブラッシュアップしたり、思い浮かべたことを絵にしたり、コードにして実行できたりと、アイデアを形にすることができます。もやもやと時間ばかりが過ぎていくのはもったいないので、とりあえずCopilotに何でも相談してみるといいでしょう。そこから、次のステップが見えてくるはずです。

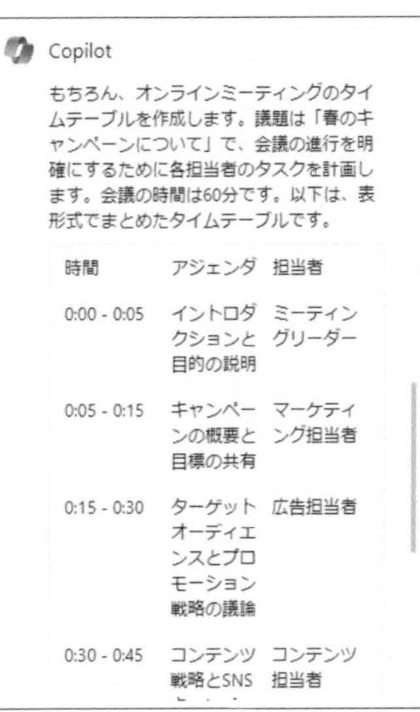

Copilotを活用することで頭の中にあるイメージをより具体的に具現化できる

なんとなく考えているイメージをより具体的にするときは、レッスン32のように、一度Copilotに質問してもらうのも手ですね。

一発で欲しい答えにたどり着くのは難しいからね。一見、面倒かもしれないけど、段階的に聞いたり、質問を重ねたりしてみよう!

納得できるまで、とことん会話を重ねることができるのも、Copilotのメリットですね!

活用編

第6章

「Copilot Pro」を使ってWordやExcelでAIを活用する

Copilotをさらに活用したい場合は、有料版の「Copilot Pro」の利用を検討しましょう。Copilot Proを利用すると、これまでに紹介してきたWindowsやEdgeだけでなく、WordやExcelといったOfficeアプリからもAIを利用できます。Copilot Proの概要と具体的な使い方を見てみましょう。

レッスン 42

Introduction この章で学ぶこと

有料プランでCopilotがより便利に!

第5章まで読み進められた方なら、Copilotの機能をOfficeアプリで使ってみたいと思うこともあるでしょう。本章では「Copilot Pro」という有料プランを利用して、ExcelやPowerPointなどで生成AIを使う方法を解説します。どんなことができるのか、まずはこのレッスンで把握しましょう。

OfficeアプリでCopilotを有効化するにはMicrosoft 365が必須!

「CopilotがExcelとかWordとかで使えれば便利なのに!」って思っていたところでした。

同感! だけど、アプリを開いてもCopilotのボタンが表示されていないんだけど……。

Officeアプリで使うなら、Copilot Proのライセンス購入に加えて、Microsoft 365のサブスクリプションが必要なんだ。詳細はレッスン43とレッスン44のそれぞれ2ページ目で解説しているけど、利用にあたって条件があることを押さえておいてね。

ライセンスやサブスクリプションを契約することでCopilotがOfficeアプリ上で有効化される

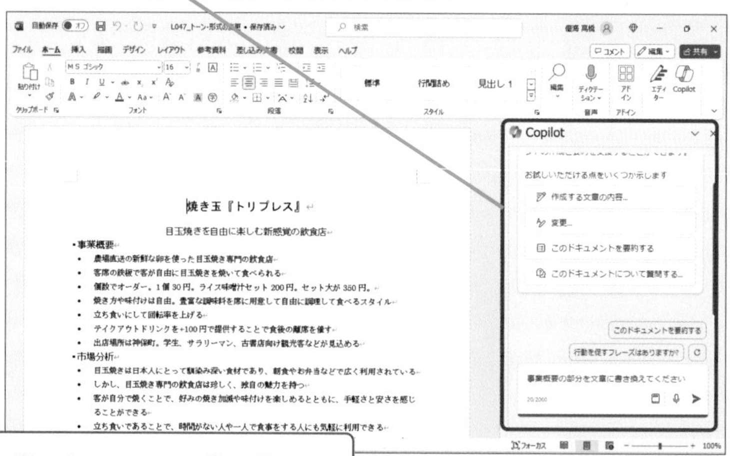

なるほど! Copilot Proの購入だけでは使えないんですね。

資料作成やデータ分析に役立つ!

Copilot Proを使う醍醐味は何といっても、Officeアプリと連携できる点! まずはその例を見ていこう!

●プレゼン用のスライドを一気に生成する

プロンプトに生成してほしいスライドの概要を含めて送信すると、スライドが一気に生成される

●データを基にグラフやテーブルを生成する

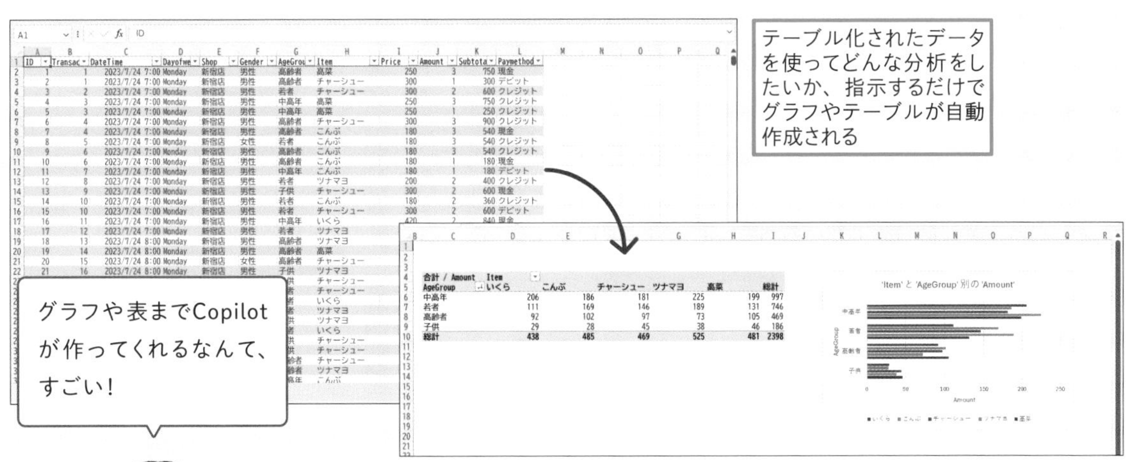

テーブル化されたデータを使ってどんな分析をしたいか、指示するだけでグラフやテーブルが自動作成される

ここで紹介したのは一部。ほかにもいろんなことができるよ。Copilotが生成したものを、そっくりそのまま使うことは厳しいけど、一から作業をやるよりも楽になるはずさ!

レッスン
43 Copilot Proって何?

概要

練習用ファイル なし

Copilot Proは、月額3,200円で利用できる有料版のCopilotです。無料版よりも快適に利用できるように工夫されているうえ、より多くの機能を利用できるのが特徴です。まずは、その概要と契約方法を確認しておきましょう。

キーワード

GPT	P.171
Image Creator	P.171
言語モデル	P.172

Copilot Proの特徴

Copilot Proは、生成AIをより快適に使えるように工夫された上位プランです。例えば、最新モデルのGPT-4 Turboを利用できるうえ、混雑時でも優先的に最新モデルにアクセスできます。また、Image Creatorで画像を生成する際に消費されるブーストが1日あたり100まで増え、たくさんの画像を生成できます。このほか、特定用途向けに自分のCopilotをカスタマイズできる機能も提供される予定となっています。

Copilot Proのライセンスを購入している場合、タスクバーから起動するとウィンドウに［Copilot Pro］と表示される

ラジオボタンでモデルを「GPT-4」と「GPT-4 Turbo」に切り替えられる

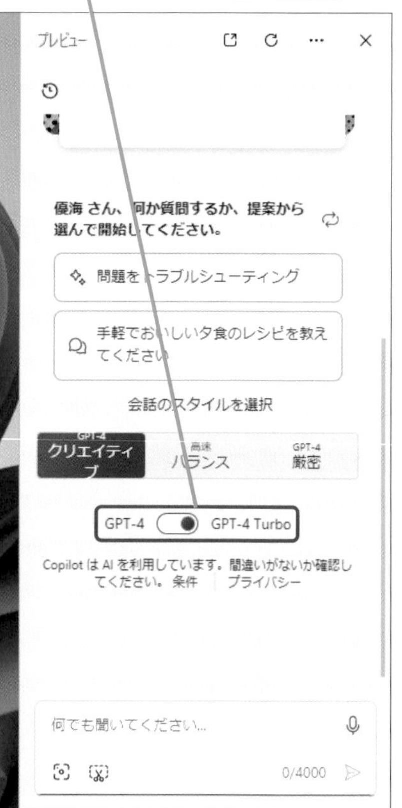

利用にはライセンスの購入が必要

Copilot Proを利用するには、月額3,200円のライセンスを購入する必要があります。以下のページから申し込みましょう。ライセンスは、Microsoftアカウントに紐付けられるので、必ずCopilot Proを利用するMicrosoftアカウントで手続きをしましょう。購入後のライセンスは、Microsoftアカウントのページから管理できます。

●Copilot Proの購入方法

▼Copilot Proの購入ページ
https://www.microsoft.com/ja-jp/store/b/copilotpro

以下のページからCopilot Proのライセンスを月額で契約する必要がある

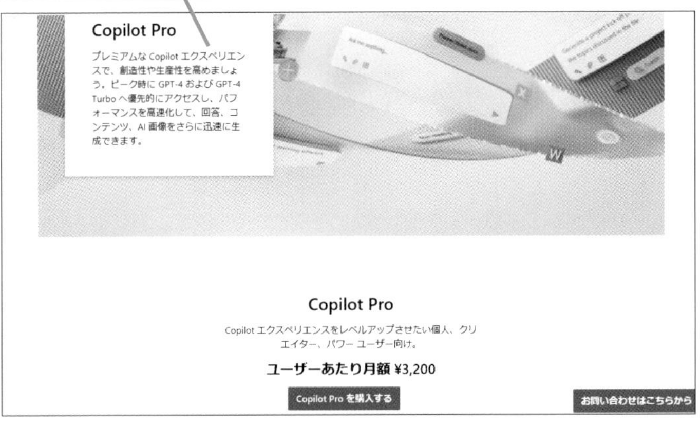

●サブスクリプションの管理方法

▼Microsoftアカウントの管理画面
https://account.microsoft.com/

以下の管理画面で契約しているサブスクリプションを管理できる

使いこなしのヒント

契約は自動更新される

Copilot Proのライセンスは、解約手続きをするまで自動的に更新されます。もしも、解約したい場合は、Microsoftアカウントの管理画面の［サービスとサブスクリプション］で［Microsoft Copilot Pro］の［定期請求を無効にする］から解約の手続きをします。

まとめ　単体では価値が見えにくいサービス

Copilot Proは、月額3,200円と、どちらかと言えば高価なサービスです。それでいて、できることが最新の言語モデルや画像生成機能の制限が緩和されることなので、費用対効果が見えにくいと感じることでしょう。しかし、Copilot Proが真価を発揮するのは、次のレッスンで紹介するOfficeと組み合わせた場合です。あくまでもOfficeとの組み合わせで使う基盤と考えるといいでしょう。

レッスン

44 Officeアプリで生成AIを利用するには

Office連携

練習用ファイル　なし

Copilot Proの最大のメリットは、Officeアプリと組み合わせて利用することで、文書の下書きやメールの要約などの日常作業の中で生成AIを活用できるようになることです。OfficeアプリでCopilot Proを使うメリットを見てみましょう。

キーワード

Copilot	P.171
Copilot Pro	P.171
生成系AI	P.172

AIによるWordやExcelの自動処理が可能！

Copilot ProとOfficeアプリを連携させると、Officeアプリの右側に直接Copilotを呼び出せるようになります。これにより、例えば、Wordにアイデアを入力するだけで文書の下書きを作れたり、Outlookでいくつも返信が連なるメールの要約をまとめたりすることができます。面倒に感じていた日々の作業をCopilot Proに手助けしてもらえるようになります。

入力したプロンプトに基づき、文書の下書きが生成される

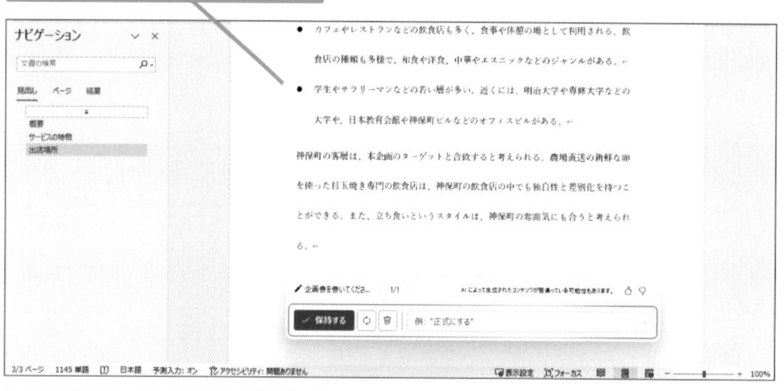

Outlookでメールのスレッドを要約できる

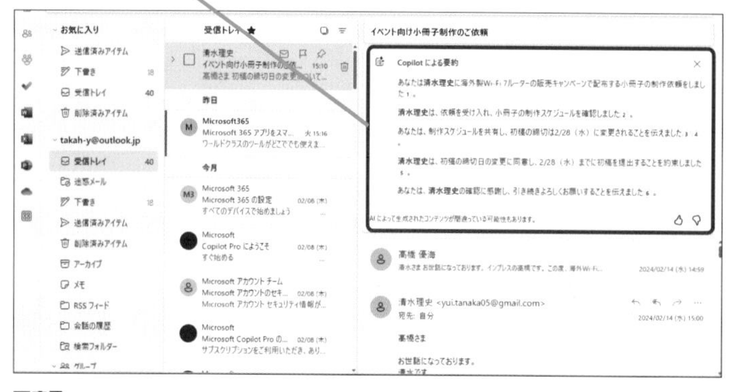

使いこなしのヒント

対応するアプリは?

Copilot Proが対応するOfficeアプリは、Word、Outlook、PowerPoint、OneNote、Excelとなります。ただし、Excelに関しては、2024年2月時点では英語での質問／回答のみに対応しており、日本語対応は今後に予定されています。

使いこなしのヒント

法人向けのCopilot for Microsoft 365もある

本書で取り上げるCopilot Proは個人向けのサービスです。法人向けのサービスとしては、これとは別に「Copilot for Microsoft 365」というサービスが提供されています。法人向けのMicrosoft 365に追加できるサービスで、Microsoft 365に蓄えられた組織の情報を活用できたり、Teams向けのCopilotが利用できたりと、より高度な使い方ができます。

Officeアプリで使うなら個人向けMicrosoft 365が必要

WordやOutlookなどのOfficeアプリでCopilot Proを利用するには、個人向けとして提供されているMicrosoft 365 PersonalまたはMicrosoft 365 Familyのライセンスが必要です。Microsoftアカウントにいずれかのライセンスが割り当てられている場合のみOfficeアプリでCopilot Proが有効化されます。

まとめ　Copilot ProでOfficeでの作業が変わる

具体的な使い方は、この後のレッスンで紹介しますが、Copilot ProとOfficeアプリの組み合わせは非常に便利です。文書作成、文書の読み込み、プレゼン資料作成、メールでの応対、アイデアの整理、データ分析など、今まで何時間も掛かっていたような作業を数分で終わらせるようなことも夢ではありません。世界が変わると言っても大げさではないので、ぜひ活用してみましょう。

スキルアップ

Copilotのボタンが表示されないときは更新しよう

ライセンスの購入や利用条件などを満たしているのに、OfficeアプリにCopilotのボタンが表示されないときはOfficeアプリを更新してみましょう。次のように［アカウント］から手動でアプリを更新するか、［ライセンスの更新］ボタンからMicrosoftアカウントとの紐付けを更新すると表示されることがあります。

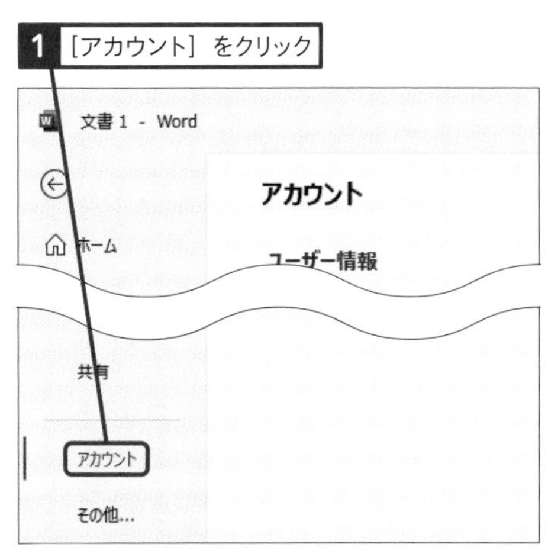

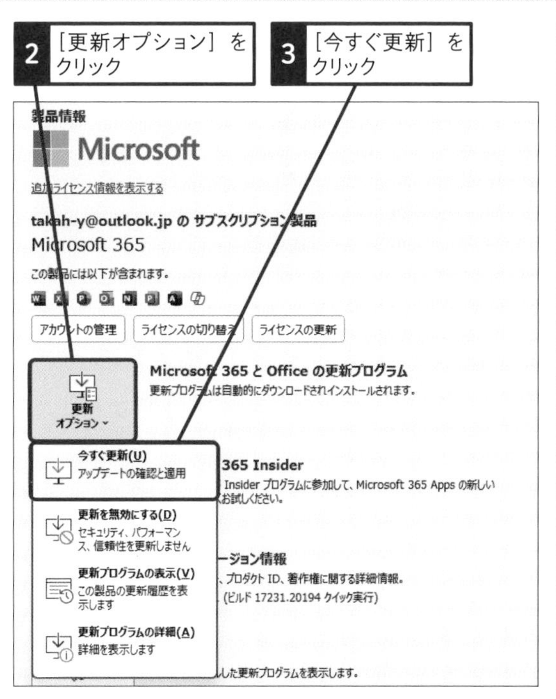

レッスン

45 Wordで下書きを生成する

文書の下書き

練習用ファイル L045_プロンプト.txt L045_文書の下書き.docx

Wordで文書を作る手助けをしてもらいましょう。WordのCopilotは、リボンのアイコンのほか、編集画面の中からも呼び出せるようになっています。書いてほしいことを、思い付くままに伝えるだけで、内容の整った文書を作ることができます。

キーワード

AI	P.171
Copilot	P.171
Copilot Pro	P.171

大まかな内容から文書の下書きを作成してもらえる

Before

大まかな企画内容をプロンプトに含めて生成する

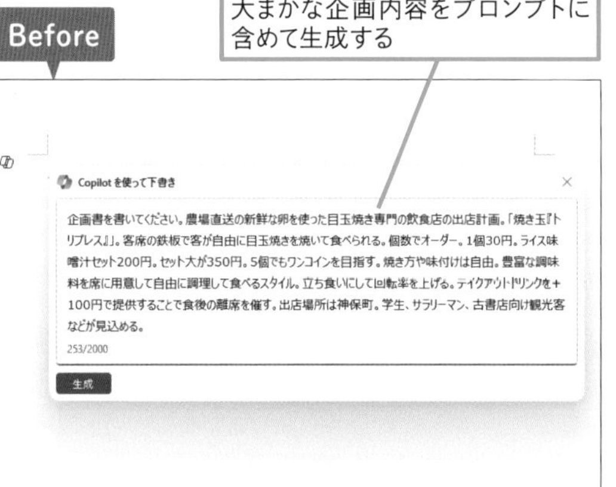

After

スタイルや箇条書きなどが適用された、文書の下書きが生成される

焼き玉『トリプレス』

農場直送の新鮮な卵を使った目玉焼き専門の飲食店の出店計画

・概要

・サービスの特徴

1 企画書の下書きを生成する

Wordを起動し、白紙の文書を表示しておく

1 [Copilotを使って下書き] をクリック

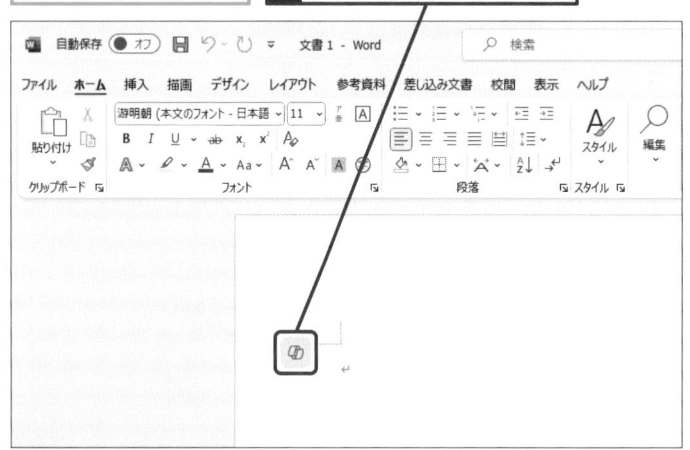

ショートカットキー

Copilotを使って下書き Alt + I

使いこなしのヒント

テキストの生成を途中で停止するには

[生成] をクリックしてから回答が表示されるまで、しばらく時間が掛かります。プロンプトを間違えたときなどは、この間に [生成の停止] をクリックすることで、生成を停止できます。

●プロンプトを入力する

2 プロンプトを入力

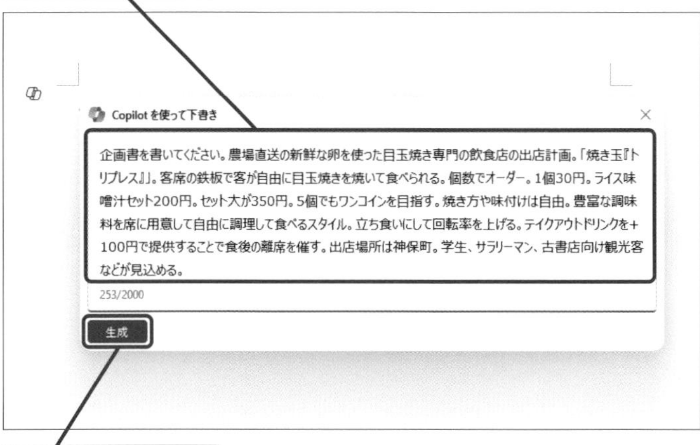

3 ［生成］をクリック

4 回答が表示されるまで、しばらく待つ

入力したプロンプトに基づき、体裁が整えられた企画書の下書きが生成された

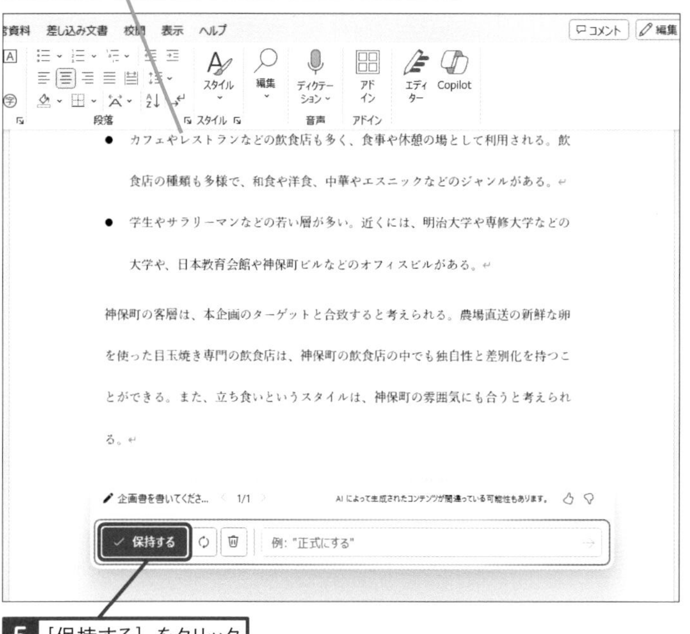

5 ［保持する］をクリック

使いこなしのヒント

生成された内容を破棄するには

生成された結果が気に入らないときは、再生成や削除ができます。［再生成］をクリックするともう一度生成が試みられます。［削除］をクリックすると生成結果をすべて消去できます。

1 ［削除］をクリック

使いこなしのヒント

生成結果にスタイルが適用される

生成された文章は、タイトルや見出しなどのスタイルが設定済みの状態で出力されます。このため、文章の体裁を整える手間も省くことができます。

［表題］や［見出し1］などスタイルが自動で適用される

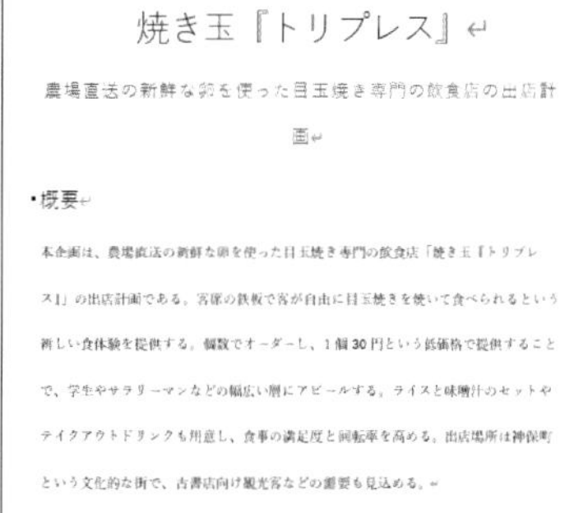

まとめ　最初の一歩が楽になる

白紙の画面を見つめて、何をどう書こうか迷うことはありませんか？　Copilotは、こうした無駄な時間を乗り越える手助けをしてくれます。考えがまとまっていなくても、ある程度のアイデアを書き込むだけでかまいません。Copilotにまかせることで、ある程度整った内容の文書を生成できるので、あとは補足や手直しをするだけで文書を作れます。

レッスン

46 Wordで文章の続きを書いてもらう

アイデアを見る

練習用ファイル L046_プロンプト.txt
L046_アイデアを見る.docx

Copilotは、途中まで書いた文章の続きを書くこともできます。Wordで見出しや最初の数文字を書いた状態から、続きを書いてもらいましょう。[刺激的なアイデアが見たい] を利用することで、文章を発展させるヒントが得られます。

キーワード

AI	P.171
Copilot Pro	P.171
自然言語	P.172

書きかけの内容から続きの文章を作成してくれる

Before

文書の最後に「リスク」と入力し、[見出し1] に設定する

- 収益予測
  - 店舗面積は 20 平方メートルで、鉄板席は 10 席、カウンター
  - 営業時間は朝 7 時から夜 9 時までで、月曜日を定休日とする
  - 目玉焼きの原価は 1 個あたり 10 円とし、利益率は 66.7%と
  - ライス味噌汁セットの原価は 100 円とし、利益率は 50%とす
  - テイクアウトドリンクの原価は 50 円とし、利益率は 50%と
  - 客単価は 300 円とし、1 日あたりの客数は 200 人とする
  - 月間売上は 300 円×200 人×26 日=1,560,000 円とする
  - 月間利益は 1,560,000 円×0.6=936,000 円とする
  - 固定費は家賃や人件費などで月間 600,000 円とする
  - 月間純利益は 936,000 円-600,000 円=336,000 円とする
  - 初期投資は店舗の改装や備品の購入などで 1,000,000 円とす
  - 回収期間は 1,000,000 円÷336,000 円=約 3 ヶ月とする
- リスク

After

「リスク」という項目に沿った内容が列挙される

- 初期投資は店舗の改装や備品の購入などで 1,000,000 円とする
- 回収期間は 1,000,000 円÷336,000 円=約 3 ヶ月とする

リスク

リスクとしては、以下の点が挙げられる。
- 駐車場の契約が打ち切られる可能性がある。駐車場は店舗の付帯サービスとして提供されており、顧客の利便性に大きく貢献している。もし契約が解除された場合、売上に影響を与える恐れがある。
- 顧客の嗜好が変化する可能性がある。店舗の主力商品は冷凍食品であり、時間や手間をかけずに調理できることが人気の理由である。しかし、健康志向や自炊志向が高まった場合、冷凍食品の需要が減少する可能性がある。
- 競合店舗の進出による競争激化がある。店舗の周辺には他のコンビニやスーパーがなく、地域住民のニーズに応えている。しかし、将来的に他のチェーンが近隣に出店した場合、価格や品揃えでの優位性が失われる可能性がある。

1 考えられるリスクを書いてもらう

文書の最後に事業上のリスクを追加する

1 「リスク」と入力

- 月間売上は 300 円×200 人×26 日=1,560,000 円とす
- 月間利益は 1,560,000 円×0.6=936,000 円とする
- 固定費は家賃や人件費などで月間 600,000 円とする
- 月間純利益は 936,000 円-600,000 円=336,000 円とす
- 初期投資は店舗の改装や備品の購入などで 1,000,00
- 回収期間は 1,000,000 円÷336,000 円=約 3 ヶ月とす

リスク

使いこなしのヒント

[見出し1] に設定しておく

ここでは、企画書に「リスク」という項目を追記してもらいたいので、[見出し1] に設定しています。このようにCopilotに書き継いでほしい元の情報をしっかりと与えることが大切です。

● ［見出し1］に設定する

2 ［ホーム］タブをクリック

3 ［見出し1］をクリック

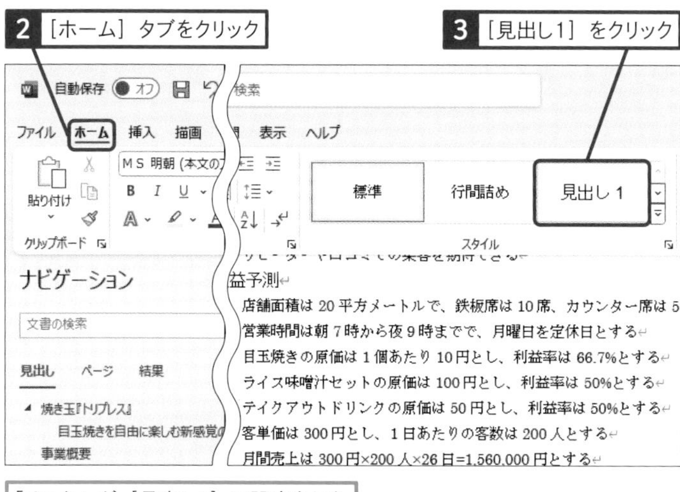

「リスク」が［見出し1］に設定された

4 Enter キーを押して改行

5 ［Copilotを使って下書き］をクリック

6 ［刺激的なアイデアが見たい］をクリック

7 回答が表示されるまで、しばらく待つ

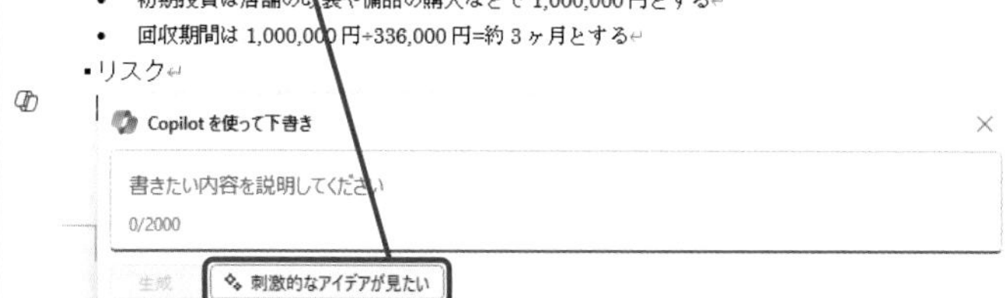

「リスク」という見出しに続く内容が生成された

8 ［保持する］をクリック

使いこなしのヒント

詳細を追加して再生成できる

出力結果が気に入らないときは、生成後に表示される入力欄に詳細を記入して再生成することができます。例えば、「事業のリスクを5つ箇条書きで挙げる」のように指定することなどができます。

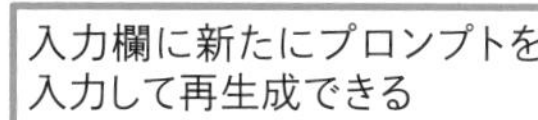

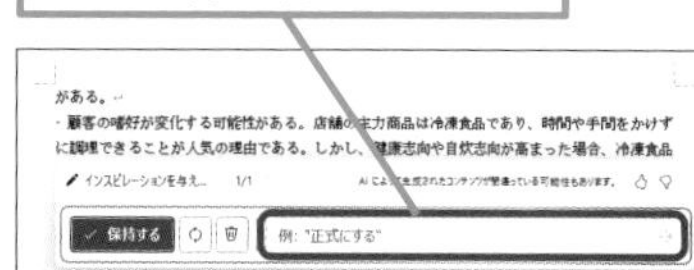

使いこなしのヒント

余計な部分は削除して使おう

続きを生成した場合、前の文章を受けて余計な言葉が含まれてしまう場合があります。出力結果は必ず修正してから利用しましょう。

まとめ 中途半端なリクエストにも応えるCopilot

WordのCopilotに搭載されている「刺激的なアイデアが見たい」を利用すると、入力済みの文章を基に、その続きを書くことができます。書き出しの単語や見出しなどを与えれば、それに合った続きの文章を生成できるので、何となく書きたい方向性は決まっているが具体的な内容が思い付かないという場合に重宝します。明確な指示やプロンプトが思い付かなくてもCopilotなら作業を前に進めることができます。

レッスン

47 Word文書を書き換えてもらう

文章の書き換え

練習用ファイル L047_プロンプト.txt
L047_文章の書き換え.docx

Copilotで既存の文章を書き換えてみましょう。ここでは箇条書きを通常の文章に書き換える方法を紹介しますが、逆に文章を箇条書きにしたり、長さを変えたりと、プロンプト次第でさまざまな書き換えができます。

キーワード

Copilot Pro	P.171
生成系AI	P.172
プロンプト	P.172

箇条書きを文章に書き換えて作業の負荷を軽減!

Before

焼き玉『トリプレス』

目玉焼きを自由に楽しむ新感覚の飲食店

- 事業概要
  - 農場直送の新鮮な卵を使った目玉焼き専門の飲食店
  - 客席の鉄板で客が自由に目玉焼きを焼いて食べられる
  - 個数でオーダー。1個30円。ライス味噌汁セット200円。セット大が350円。
  - 焼き方や味付けは自由。豊富な調味料を席に用意して自由に調理して食べるスタイル
  - 立ち食いにして回転率を上げる
  - テイクアウトドリンクを+100円で提供することで食後の離席を催す
  - 出店場所は神保町。学生、サラリーマン、古書店向け観光客などが見込める
- 市場分析
  - 目玉焼きは日本人にとって馴染み深い食材であり、朝食やお弁当などで広く利用されている
  - しかし、目玉焼き専門の飲食店は珍しく、独自の魅力を持つ
  - 客が自分で焼くことで、好みの焼き加減や味付けを楽しめるとともに、手軽さと安さを感じることができる
  - 立ち食いであることで、時間がない人や一人で食事をする人にも気軽に利用できる
  - 神保町は学生やサラリーマンのほか、古書店や文化施設が多く、観光客も多いエリアである
  - このような層に対して、目玉焼きというシンプルで飽きのこないメニューを提供することで、リピーターや口コミでの集客を期待できる

→

After

［事業概要］にある箇条書きを文章に書き換えてもらう

焼き玉『トリプレス』

目玉焼きを自由に楽しむ新感覚の飲食店

- 事業概要

「トリプレス」は、農場直送の新鮮な卵を使った目玉焼き専門の飲食店です。客席の鉄板で客が自由に目玉焼きを焼いて食べることができます。個数でオーダーし、1個30円、ライス味噌汁セットは200円、セット大は350円です。焼き方や味付けは自由で、豊富な調味料を席に用意して自由に調理して食べるスタイルです。立ち食いにして回転率を上げ、テイクアウトドリンクを+100円で提供することで食後の離席を促します。

- 市場分析
  - 目玉焼きは日本人にとって馴染み深い食材であり、朝食やお弁当などで広く利用されている
  - しかし、目玉焼き専門の飲食店は珍しく、独自の魅力を持つ
  - 客が自分で焼くことで、好みの焼き加減や味付けを楽しめるとともに、手軽さと安さを感じることができる
  - 立ち食いであることで、時間がない人や一人で食事をする人にも気軽に利用できる
  - 神保町は学生やサラリーマンのほか、古書店や文化施設が多く、観光客も多いエリアである
  - このような層に対して、目玉焼きというシンプルで飽きのこないメニューを提供することで、リピーターや口コミでの集客を期待できる
- 収益予測
  - 店舗面積は20平方メートルで、鉄板席は10席、カウンター席は5席を設置する

1 一部を文章に書き換える

「事業概要」を箇条書きから文章に書き換える

1 ［ホーム］タブをクリック

2 ［Copilot］をクリック

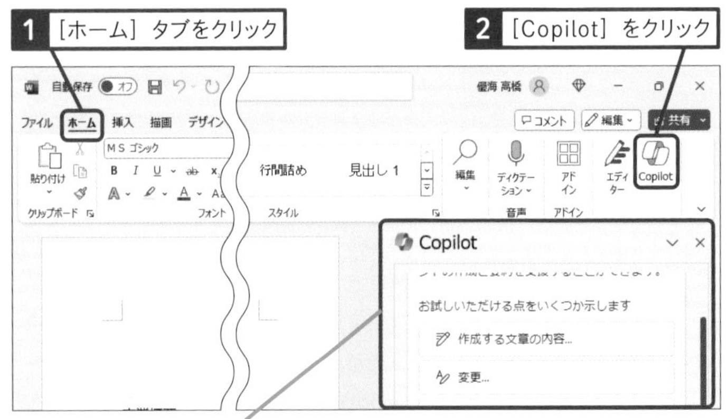

［Copilot］ウィンドウが表示された

使いこなしのヒント

書き換えたい部分をプロンプトで指定しよう

既存の文章を書き換える場合は、どの部分を書き換えるのかを明確に指示する必要があります。もっとも確実なのは、見出しを使う方法です。「事業概要の部分」など見出しで書き換える部分を指定しましょう。

● プロンプトを入力する

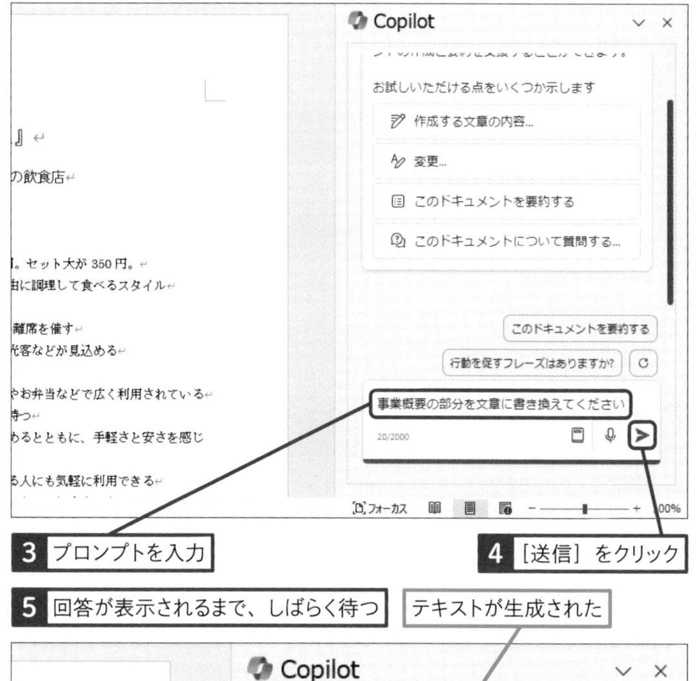

3 プロンプトを入力

4 ［送信］をクリック

5 回答が表示されるまで、しばらく待つ

テキストが生成された

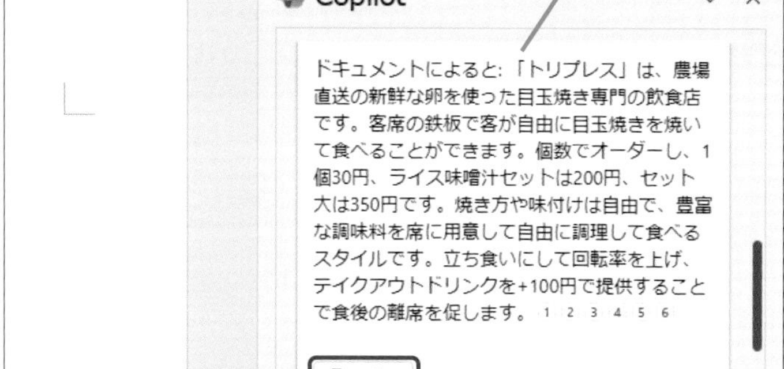

［コピー］をクリックして回答をコピーしておく

既存の内容を削除して、コピーした回答を貼り付ける

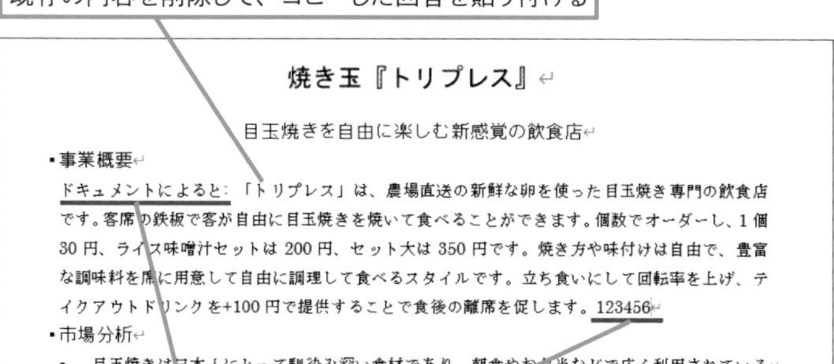

不要な内容も含まれるため、削除しておく

使いこなしのヒント

質問の候補が表示される

プロンプトを使って結果を生成すると、その後に次の質問の候補がいくつか表示されます。候補の中に、使えそうな質問があるときは、それをクリックするだけでCopilotとの対話をすることができます。

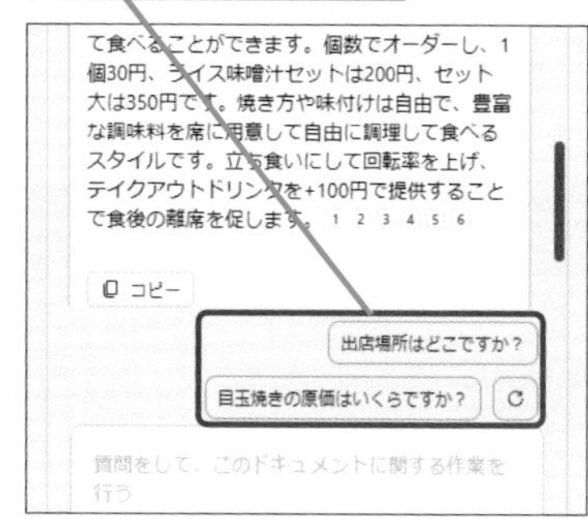

質問の候補が表示される

まとめ 内容の確認・修正もCopilotで

Copilotの出力内容が、常に自分が求めている結果と一致するとは限りません。このため、Copilotを利用する場合は、内容の確認や修正などが不可欠ですが、こうした作業そのものもCopilotに助けてもらうことができます。Copilotの出力結果をCopilotで修正したり、Copilotで内容を確認したりすることで、作業の負荷を軽減できます。

レッスン

48 Word内の文章のトーンを変える

YouTube 動画で見る
詳細は2ページへ

トーンの調整

練習用ファイル L048_プロンプト.txt L048_トーンの調整.docx

文章のトーンを書き換えてみましょう。[カジュアル] や [プロフェッショナル] など複数のパターンからトーンを選択することで文章を書き換えることができます。トーンを変えるときは、文書の書き換えたい部分を範囲指定すると簡単です。

キーワード

AI	P.171
Bing	P.171
ChatGPT	P.171

Copilotを使って文章のトーンを書き換える

Before

書き換えたい部分を選択する

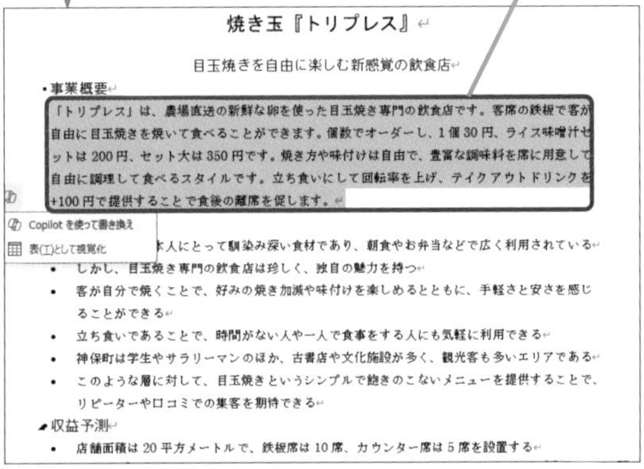

After

[事業概要] にある文章が書き換えられる

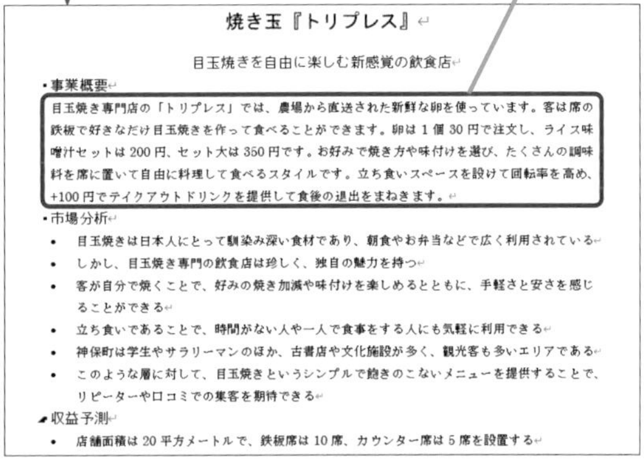

1 文章のトーンを変える

「事業概要」の文章を書き換える

1 書き換えたい範囲をドラッグして選択

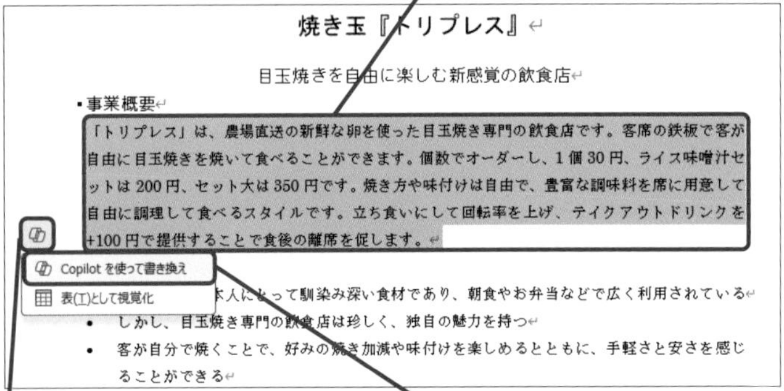

2 [Copilotを使って下書き] をクリック

3 [Copilotを使って書き換え] をクリック

使いこなしのヒント

範囲選択で、ピンポイントで指定

文章の特定の部分を書き換えたいときは、このレッスンのように範囲指定するのが確実です。見出しで指定する場合は見出し全体が書き換えられますが、範囲指定なら指定した部分だけを書き換えられます。

● テキストが生成された

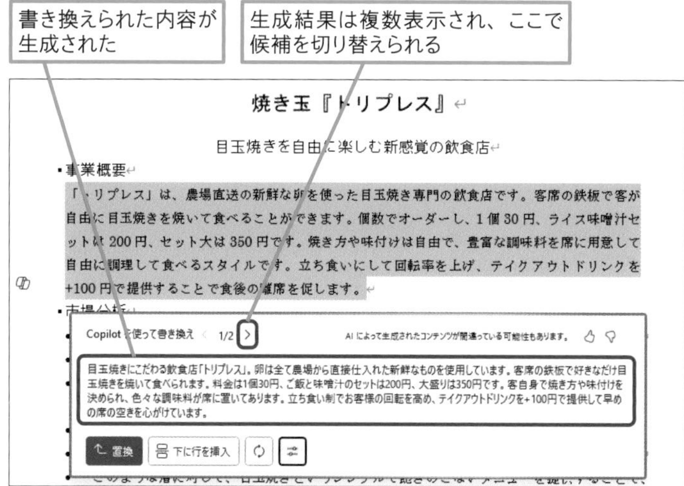

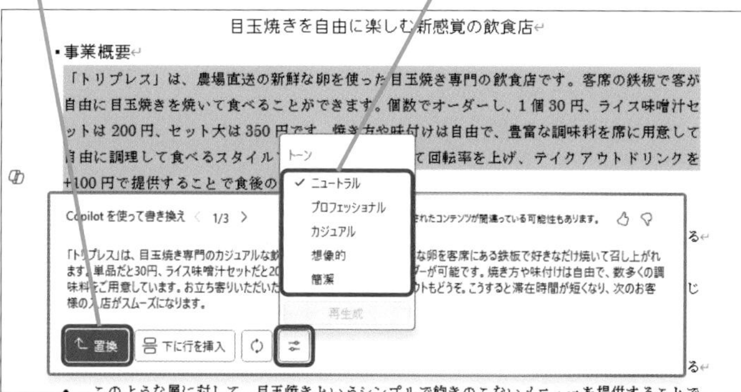

使いこなしのヒント

箇条書きは書き換えられない

2024年2月時点では、箇条書きなどのテーブル設定された場所を範囲して書き換えを依頼することはできません。ただし、スキルアップのように表への変換は可能です。

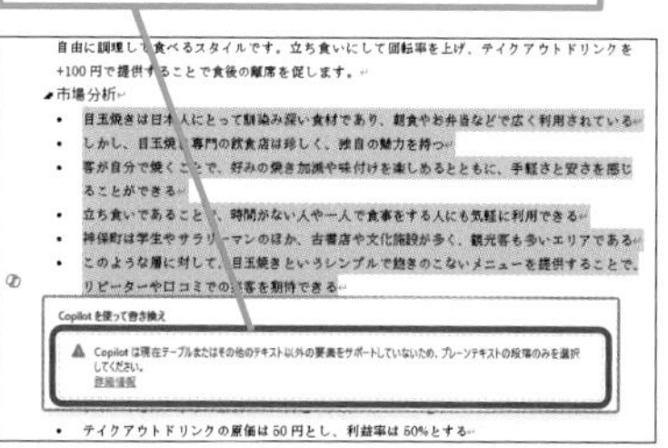

まとめ　ピンポイントでトーンを書き換え

「もう少しくだけた表現にしたい」など、文章の中にピンポイントで書き換えたい部分があるときは、このレッスンのように範囲指定してCopilotに書き換えを依頼すると便利です。トーンを指定することができるので、文書の用途や読み手に合わせて書き換えることができます。

スキルアップ

文章を表にできる

文章の選択後、［表として視覚化］を選択すると、選択部分を表にまとめることもできます。箇条書きの部分だけでなく、通常の文章でも内容によっては表にすることができます。文書が文字ばかりでわかりにくいと感じられるようなときは、表をうまく活用するといいでしょう。

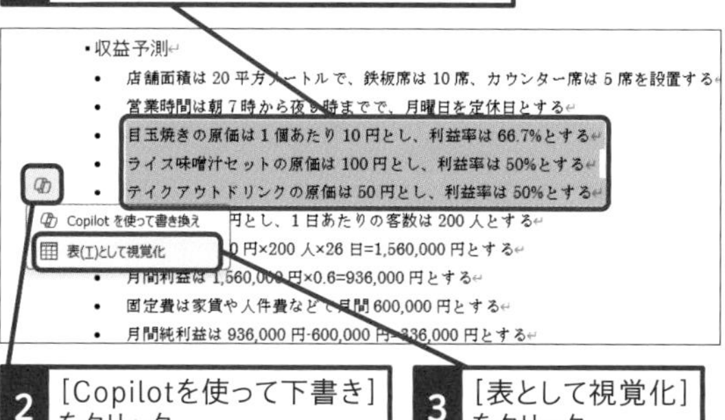

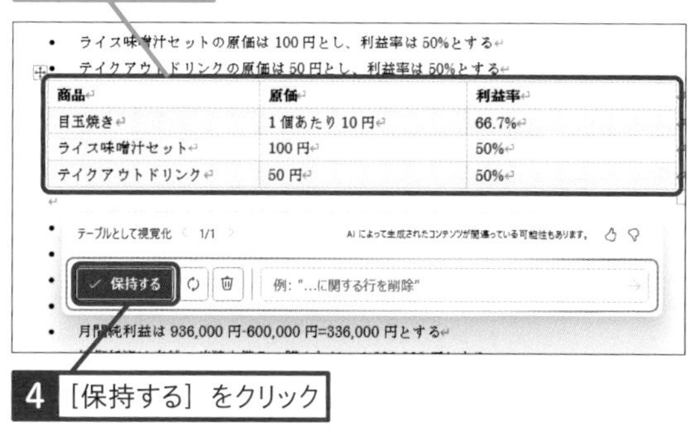

商品	原価	利益率
目玉焼き	1個あたり10円	66.7%
ライス味噌汁セット	100円	50%
テイクアウトドリンク	50円	50%

レッスン

49 Word文書について質問する

文書の要約

練習用ファイル　L049_プロンプト.txt
L049_文書の要約.docx

Copilotは、長い文書を読んだり、複雑な文書を理解したりするのにも役立ちます。Copilotに文章を要約してもらったり、知りたいことを質問したりすれば、文書の読み込みが足りなくても内容を理解することができます。

キーワード

GPT	P.171
OpenAI	P.172
対話型AI	P.172

文書の理解にもCopilotが役立つ！

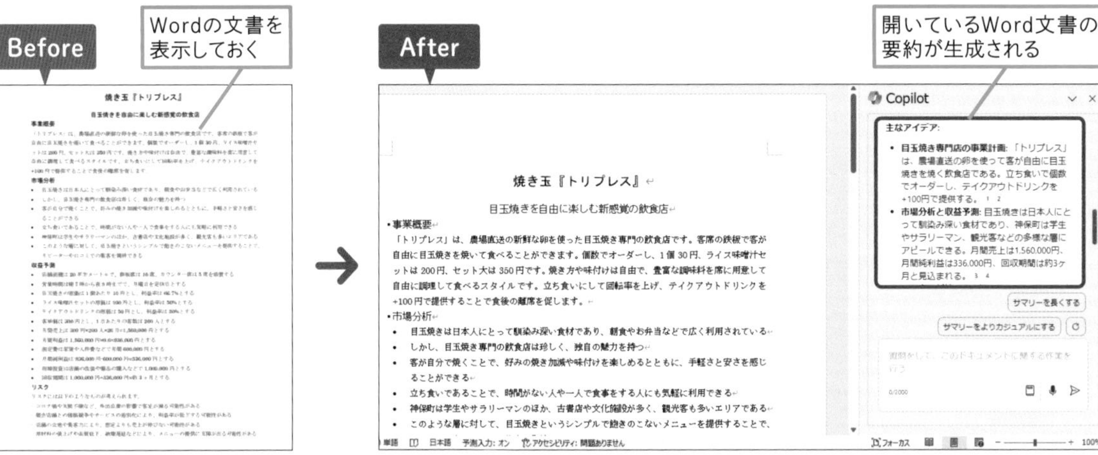

1 文書を3つのポイントで要約する

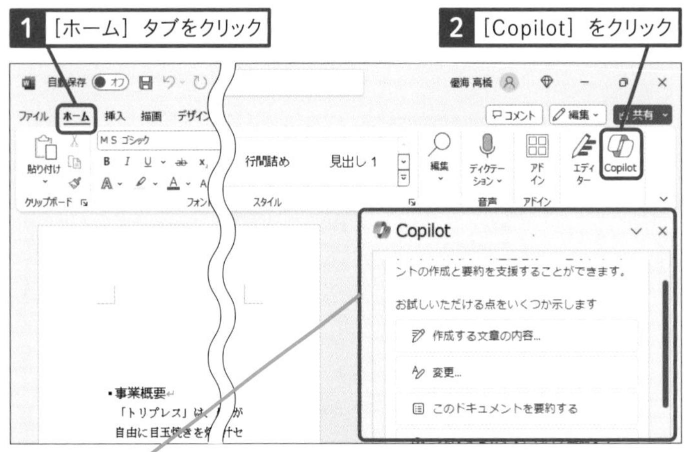

［Copilot］ウィンドウが表示された

使いこなしのヒント

プロンプトガイドを役立てよう

Copilotでは、よく使うプロンプトがカテゴリごとに整理された［プロンプトガイド］を利用できます。どのようにプロンプトを書いたらいいかがわからなくても、選ぶだけで、Copilotにいろいろな質問や依頼ができます。本のアイコンから起動できるので活用しましょう。

● プロンプトガイドを表示する

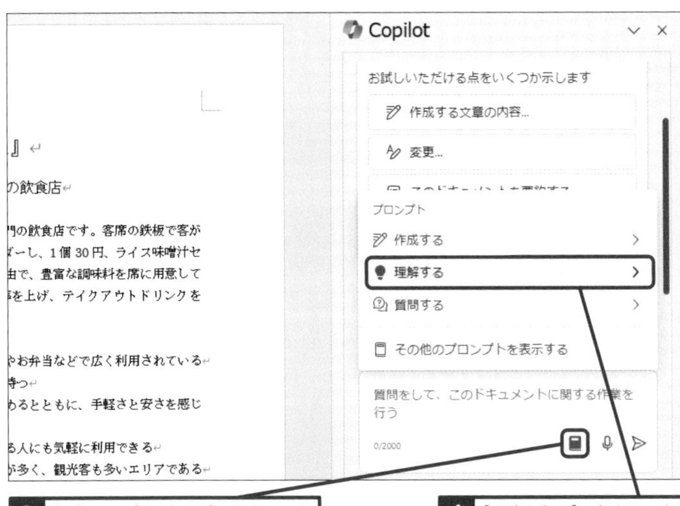

3 ［プロンプトガイド］をクリック

4 ［理解する］をクリック

5 ［このドキュメントを［3つの重要なポイントで］要約する］をクリック

選択したプロンプトがプロンプト領域に入力された

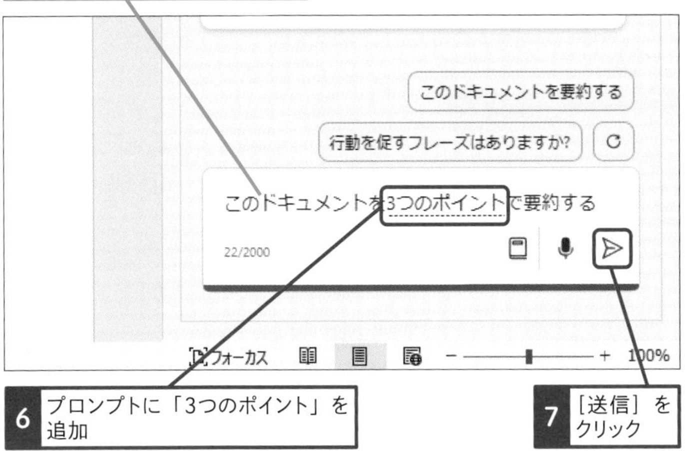

6 プロンプトに「3つのポイント」を追加

7 ［送信］をクリック

文書の要約が生成される

スキルアップ

文章の内容について ピンポイントで質問できる

プロンプトを利用すると、現在開いている文章の内容について自由に質問することができます。数値などもピンポイントで回答できるので、文書に書いている情報が見つからないときに検索代わりに利用したり、読んでいる途中に前半に書かれていた内容を忘れてしまったときなどに聞いたりすることができます。

［Copilot］ウィンドウを表示しておく

1 プロンプトを入力

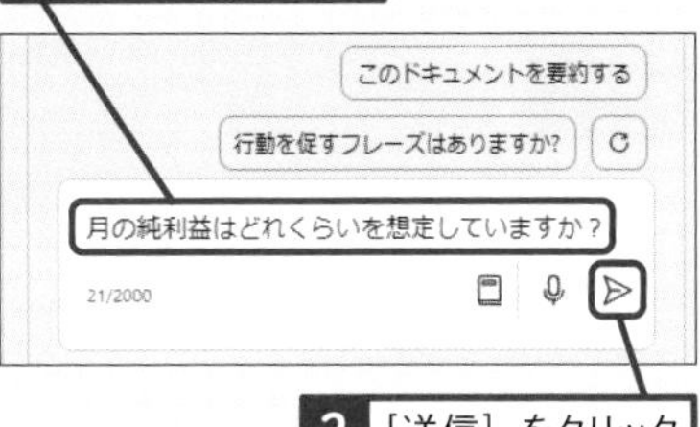

2 ［送信］をクリック

月の純利益について回答が生成された

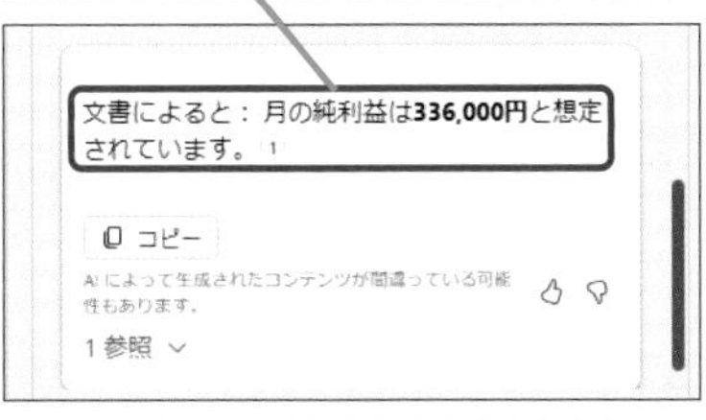

まとめ 長い文書や複雑な文書でめげない

Copilotは、自分で文書を作るときだけでなく、ほかの人が作った文書を読み込むときにも便利です。ざっくりとした概要を短時間で理解することもできますが、細かな点を質問しながらじっくりと内容を精査することもできます。もう、とっつきにくい、長い文書や複雑な文書を前にしても困らないでしょう。

レッスン

50 Outlookで長いメールを要約してもらう

メールの要約

練習用ファイル L050_プロンプト.txt

Copilotを活用して、メールを効率的に処理してみましょう。例えば、Copilotを利用すると、何度も返信が続いたスレッドを要約することができます。スレッドから重要な項目を確認したり、二転三転した情報を整理したりできます。

キーワード

言語モデル	P.172
自然言語	P.172
生成系AI	P.172

メールのスレッドを瞬時に要約できる

Before

要約したいスレッドを表示しておく

After

Copilotでメールのやり取りの要約が生成される

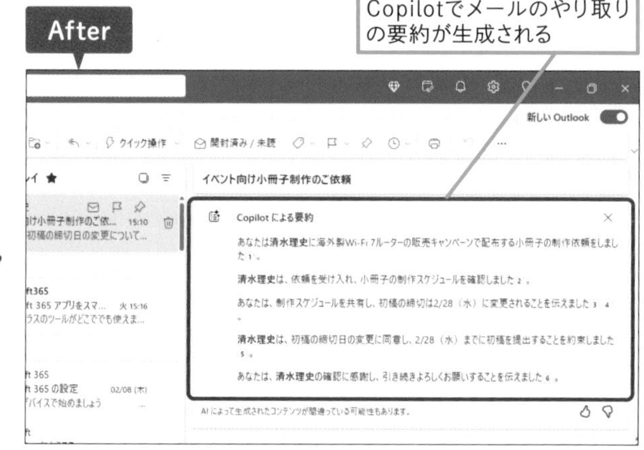

1 メールを選択して要約する

Outlookを起動し、受信トレイを表示しておく

1 何通かやり取りしたメールを選択

2 ［Copilotによる要約］をクリック

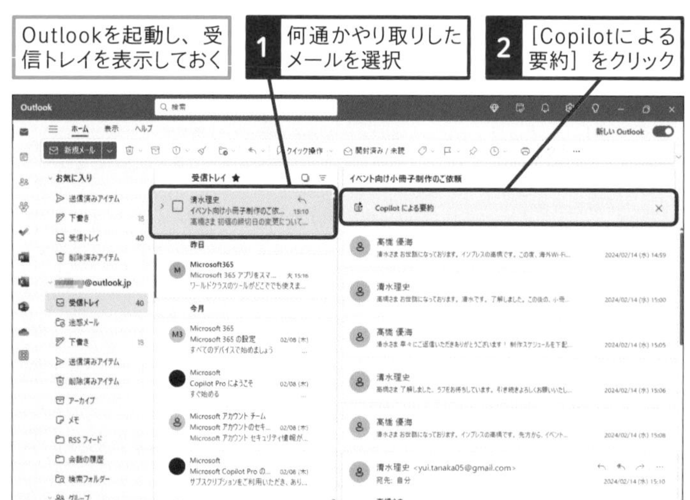

使いこなしのヒント

Copilotは古いOutlookアプリでは使えない

2024年2月時点では、Copilotを利用するには「Outlook（new）」と表示された新しいアプリを利用する必要があります。古い「Outlook」アプリでは使えないので注意しましょう。

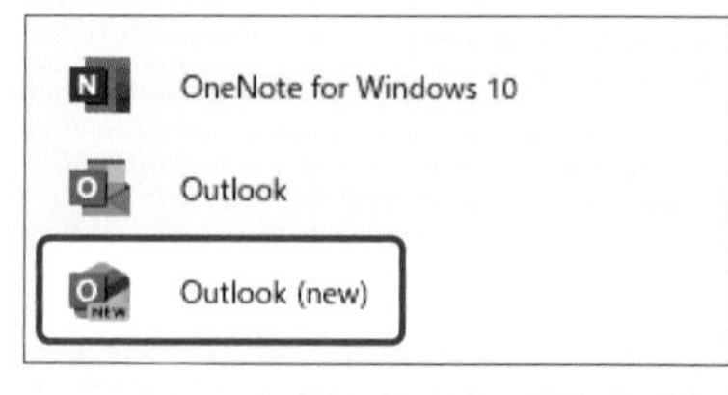

●要約が生成される

3 要約が生成されるまで、しばらく待つ

イベント向け小冊子制作のご依頼

重要なポイントを探しています... 生成の停止

高橋 優海
清水さま お世話になっております。インプレスの高橋です。この度、海外Wi-Fi... 2024/02/14 (水) 14:59

スレッドの要約が生成された

イベント向け小冊子制作のご依頼

Copilot による要約

あなたは**清水理史**に海外製Wi-Fi 7ルーターの販売キャンペーンで配布する小冊子の制作依頼をしました 1 。

清水理史は、依頼を受け入れ、小冊子の制作スケジュールを確認しました 2 。

あなたは、制作スケジュールを共有し、初稿の締切は2/28（水）に変更されることを伝えました 3 4 。

清水理史は、初稿の締切日の変更に同意し、2/28（水）までに初稿を提出することを約束しました 5 。

あなたは、**清水理史**の確認に感謝し、引き続きよろしくお願いすることを伝えました 6 。

AI によって生成されたコンテンツが間違っている可能性もあります。

高橋 優海
清水さま お世話になっております。インプレスの高橋です。この度、海外Wi-Fi... 2024/02/14 (水) 14:59

清水理史
高橋さま お世話になっております。清水です。了解しました。この後の、小冊... 2024/02/14 (水) 15:00

高橋 優海

使いこなしのヒント

要約内の数字をクリックすると該当のメールが表示される

要約された情報が正しいかどうかを確認したいときは、文章の末尾に記載されている数字をクリックします。参照元となるメールにリンクされており、基となるメールを表示できます。

数字をクリックするとメールが表示される

作スケジュールを確認しました 2 。
締切は2/28（水）に変更されることを伝えました 3 4
メールを表示
、2/28（水）までに初稿を提出することを約束しました

まとめ 重要な情報をすぐに確認できる

メールに含まれる重要な情報を見逃したり、内容が二転三転して重要な項目を勘違いしたりした経験はありませんか？ Copilotを利用すれば、メールに含まれる依頼、日程、タスクなどの重要な情報を簡単に把握できます。メールを1通ずつ確認し直す必要がないので、メールの処理に時間を消費することがないのもメリットです。

使いこなしのヒント

日程変更情報も要約に反映される

Copilotは、メールに含まれる日程の情報なども取り出すことができます。途中で日程が変更された場合などでも、変更されたことや最終的に決まった日付などを判断し、要約に表示してくれます。ただし、複雑なメールだと間違えることもあるため、最終的には原本となるメールで確認する必要があります。

メールで日程変更のやり取りがあり、生成された要約でも締切が変更されたことを言及している

Copilot による要約

あなたは**清水理史**に海外製Wi-Fi 7ルーターの販売キャンペーンで配布する小冊子の制作依頼をしました 1 。

清水理史は、依頼を受け入れ、小冊子の制作スケジュールを確認しました 2 。

あなたは、制作スケジュールを共有し、初稿の締切は2/28（水）に変更されることを伝えました 3 4 。

清水理史は、初稿の締切日の変更に同意し、2/28（水）までに初稿を提出することを約束しました 5 。

あなたは、**清水理史**の確認に感謝し、引き続きよろしくお願いすることを伝えました 6 。

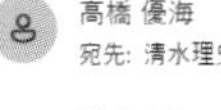

高橋 優海
宛先: 清水理史 2024/02/14 (水) 15:08

清水さま

お世話になっております。
インプレスの高橋です。

先方から、イベントが1週間ずれて3/30（土）に変更になるとのこと連絡がありました。
1週間余裕はできましたので、
初稿の締切も2日ほど余裕を持たせることができます。

初稿の締切は2/28（水）まででいかがでしょうか？

どうぞ、よろしくお願いいたします。

...

レッスン

51 Outlookでメールを下書きしてもらう

Copilotを使って下書き

練習用ファイル L051_プロンプト.txt

メールを送らなければならないものの、内容がなかなか思い付かない? そんなときはCopilotに依頼して、メールの下書きを作ってもらいましょう。謝罪メールや相手に負担になりそうな依頼メールなどもスピーディに作成できます。

キーワード

AI	P.171
Copilot	P.171
Copilot Pro	P.171

プロンプトを入力して下書きを素早く生成する

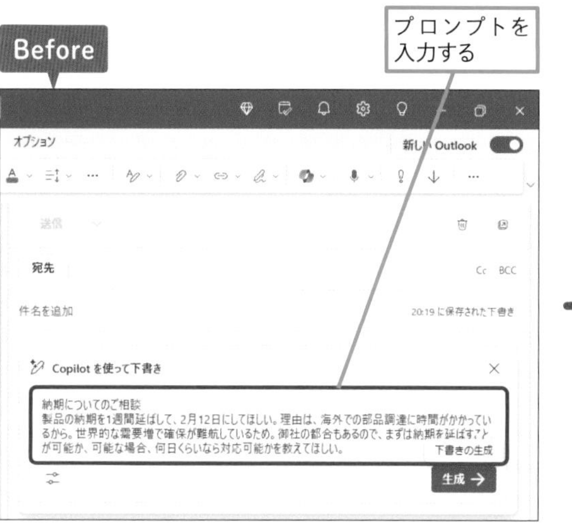

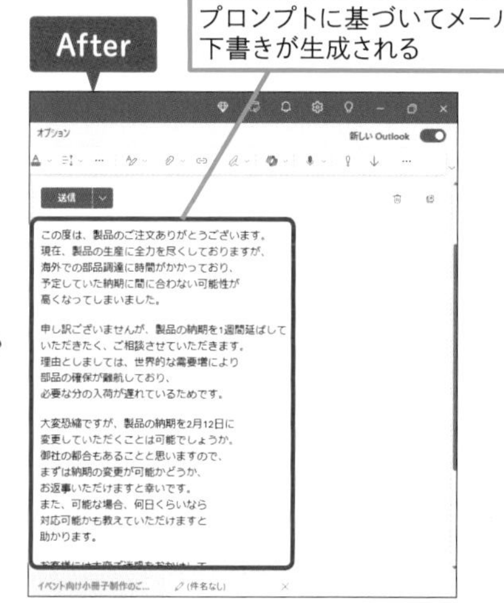

1 トーンを指定して下書きを生成する

使いこなしのヒント

[生成のオプション] で文章のトーンを指定できる

メールの下書きを生成するときに、左下に表示されている [生成のオプション] をクリックすると、メールのトーンや長さを指定できます。メールの内容や送信相手に合わせて変更してみましょう。

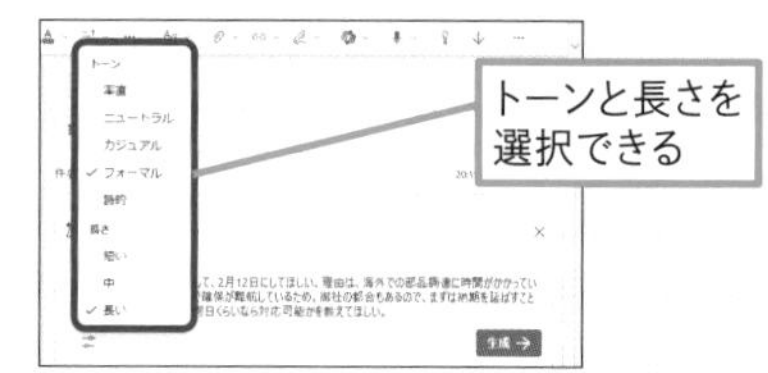

●プロンプトの入力欄を表示する

3 ［Copilot］をクリック

4 ［Copilotを使って下書き］をクリック

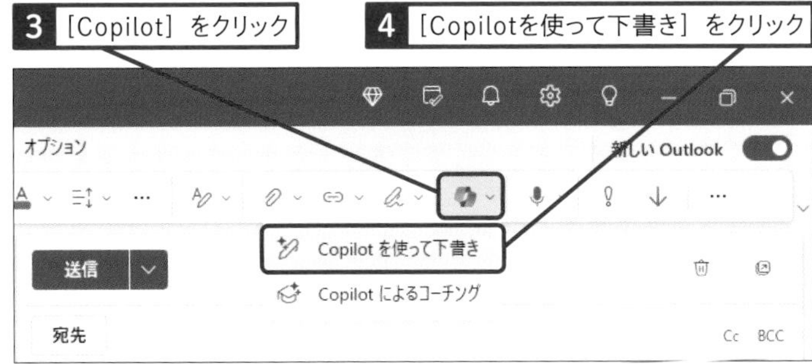

5 プロンプトを入力

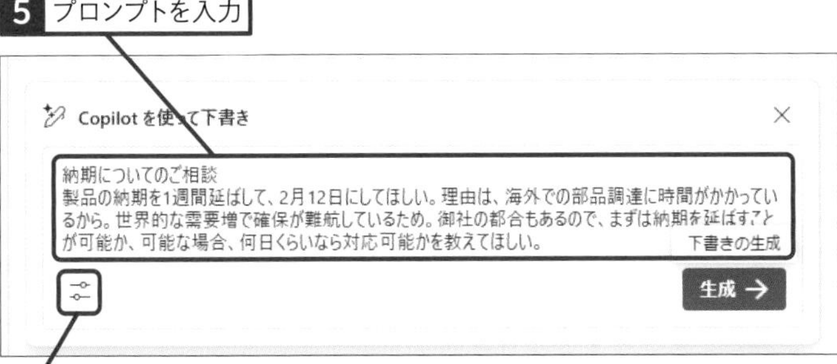

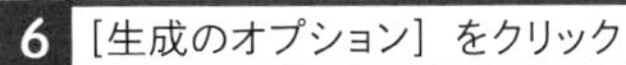

6 ［生成のオプション］をクリック

7 ［フォーマル］をクリック

8 ［長い］をクリック

9 ［生成］をクリック

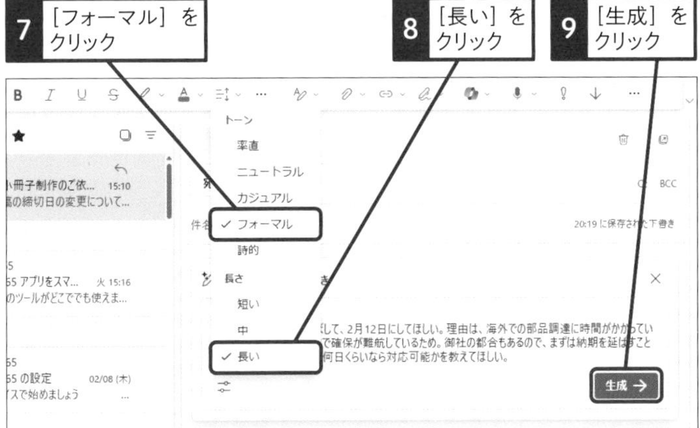

下書きが生成された。［保持する］をクリックすると生成結果がメールに入力される

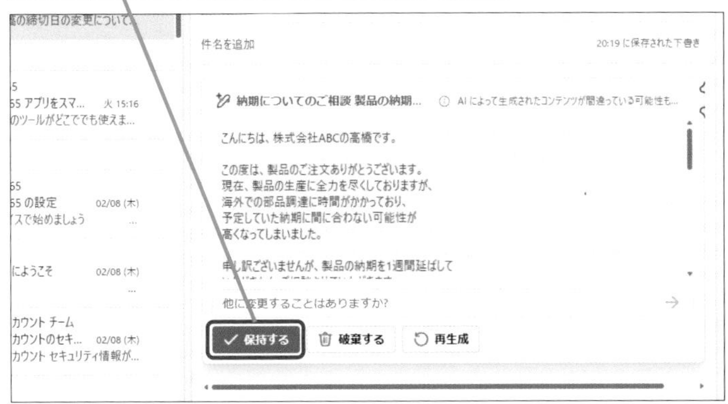

使いこなしのヒント

生成結果を調整できる

生成結果が気に入らないときは、［破棄する］で結果を破棄したり、［再生成］で文章を作り直したりできます。また、［他に変更することはありますか？］にプロンプトを入力して、内容を追加することなどもできます。

生成結果が目的に合わない場合は、プロンプトを入力して再生成できる

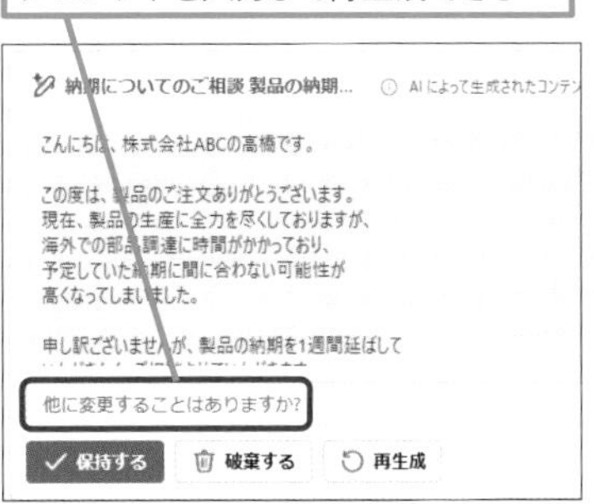

まとめ 内容をチェックして手直ししよう

Copilotは、指定した内容についてのメールの下書きをすぐに生成してくれます。用途や相手に合わせてトーンや長さを変えることもできるので、日々のメール処理に使うと便利でしょう。ただし、意図した内容にならないことも珍しくありません。生成結果はあくまでも「下書き」なので、必ず内容をチェックし、必要に応じて手直ししてから送信しましょう。

レッスン

52 Outlookでメールの内容についてアドバイスをもらう

Copilotによるコーチング

練習用ファイル L052_プロンプト.txt

自分で書いたメールをCopilotにチェックしてもらいましょう。冷静な視点で内容をチェックしてもらうことで、表現が適切かどうか、感情的になっていないかどうか、相手に内容が伝わるかどうかを確認できます。

キーワード

OpenAI	P.172
生成系AI	P.172
対話型AI	P.172

3つの観点でCopilotがアドバイスしてくれる

Before

メールの下書きを表示しておく

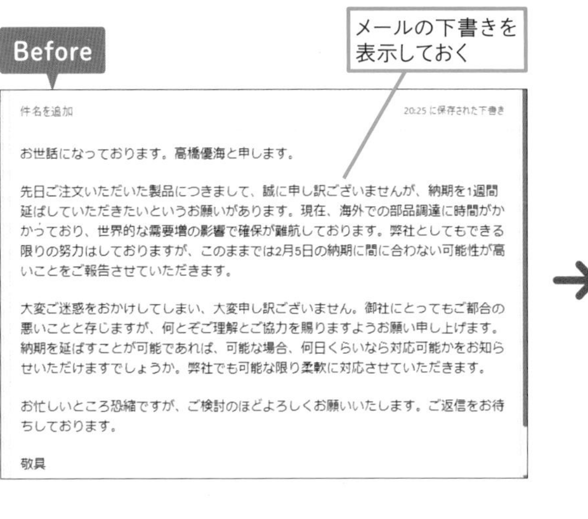

After

Copilotがメールの改善案を生成してくれる

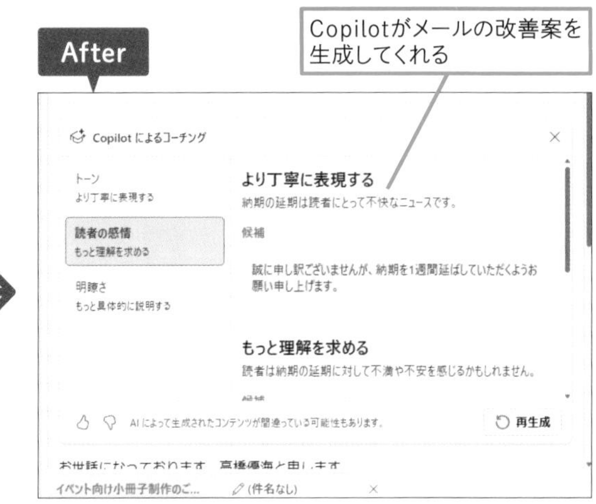

1 文章の改善点を提案してもらう

文章が入力されたメールを表示しておく

お世話になっております。高橋優海と申します。

先日ご注文いただいた製品につきまして、誠に申し訳ございませんが、納期を1週間延ばしていただきたいというお願いがあります。現在、海外での部品調達に時間がかかっており、世界的な需要増の影響で確保が難航しております。弊社としてもできる限りの努力はしておりますが、このままでは2月5日の納期に間に合わない可能性が高いことをご報告させていただきます。

大変ご迷惑をおかけしてしまい、大変申し訳ございません。御社にとってもご都合の悪いことと存じますが、何とぞご理解とご協力を賜りますようお願い申し上げます。納期を延ばすことが可能であれば、可能な場合、何日くらいなら対応可能かをお知らせいただけますでしょうか。弊社でも可能な限り柔軟に対応させていただきます。

お忙しいところ恐縮ですが、ご検討のほどよろしくお願いいたします。ご返信をお待ちしております。

イベント向け小冊子制作のご… (件名なし)

使いこなしのヒント

Outlook.comでもCopilotの機能が使える

Copilotの機能は、ブラウザーを使ってアクセスできるWeb版のOutlook.comでも利用できます。アプリが使えない環境でもCopilotを利用した生成やチェックが可能です。

●Copilotによるアドバイスを生成する

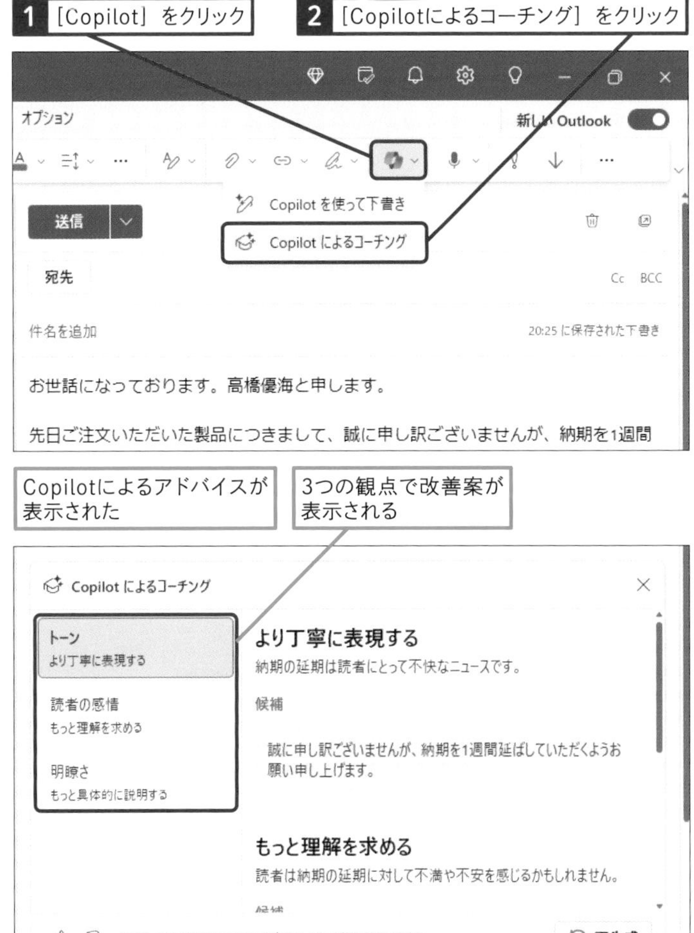

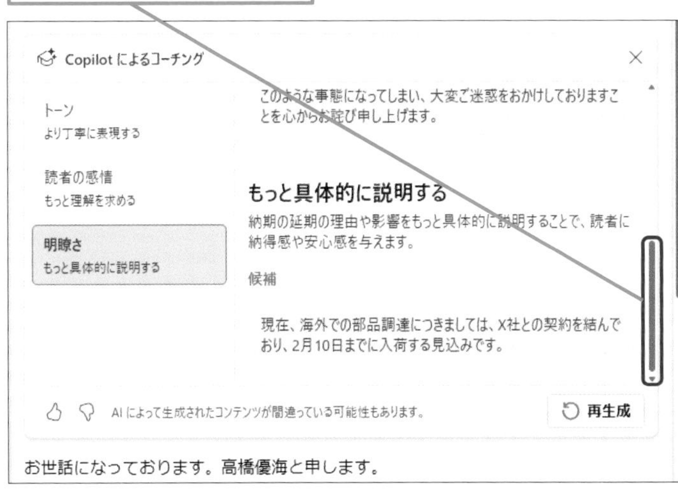

使いこなしのヒント

生成結果を評価できる

表示された評価は、一般的な視点で判断したものなので、メールの用途などによっては適切ではない場合もあります。最終的な判断は必ず自分で行いましょう。なお、生成された結果について、指のアイコンで評価することもできます。評価が学習されていくと、より適した結果が表示されるようになります。

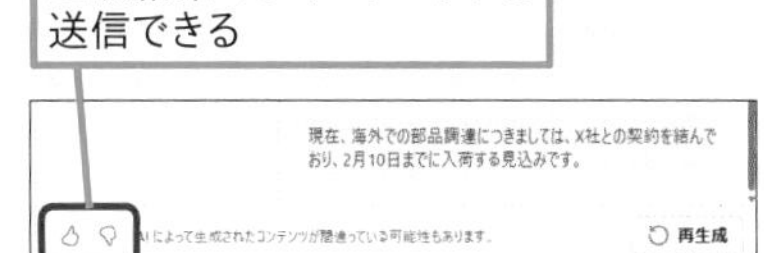

使いこなしのヒント

モバイルアプリでも利用可能

スレッド要約、下書き、コーチングなど、OutlookのCopilot機能は、スマートフォン向けのモバイルアプリでも利用できます。外出先などでメールの内容を確認したり、返信したりするときにも活用しましょう。

まとめ 送信前にチェックしてもらおう

自分では問題ないと思っていても、相手に内容が勘違いされたり、意図せず感情的に内容が伝わってしまったりすることは珍しくありません。こうしたトラブルを避けるためにも、メールを送信する前にCopilotにチェックしてもらうと安心です。表現や追加したほうがいい内容などを的確に指摘してくれるため、メールでのトラブルを避けることができます。

レッスン

53 PowerPointでプレゼンの下書きを作る

スライドの生成

練習用ファイル L053_プロンプト.txt
L053_スライドの生成.pptx

CopilotでPowerPointのプレゼンテーションを作ってみましょう。作りたいスライドの概要を指定することで、複数枚のスライドを簡単に作成できます。完成度が高くない場合もありますが、作業をゼロから始めなくて済むのがメリットです。

キーワード

AI	P.171
Copilot	P.171
Copilot Pro	P.171

画像や書式が設定されたスライドを一気に生成できる

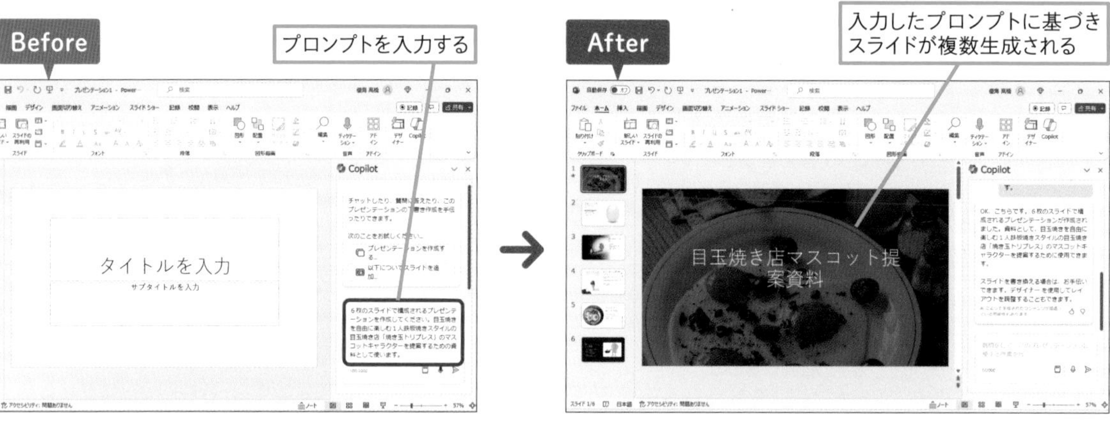

1 スライドを複数生成する

PowerPointを起動しておく

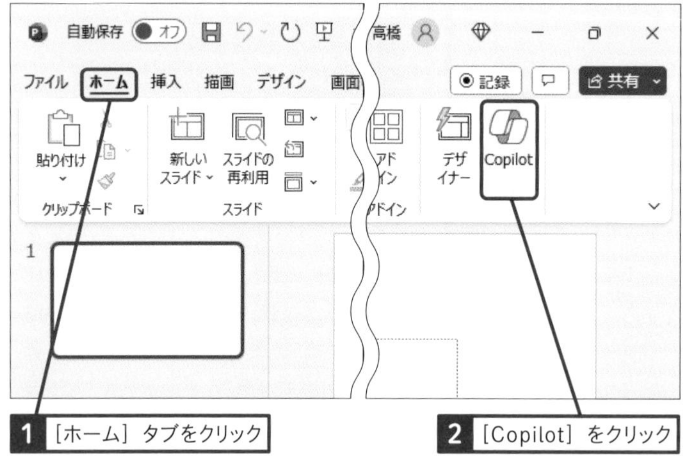

使いこなしのヒント

枚数を指定すると確実

スライドを作成する際は、内容をなるべく詳細に伝えることに加え、枚数もプロンプトで指定するのがコツです。枚数を指定しないと1枚のスライドが作成される場合があります。

●プロンプトを入力する

[Copilot] ウィンドウが表示された

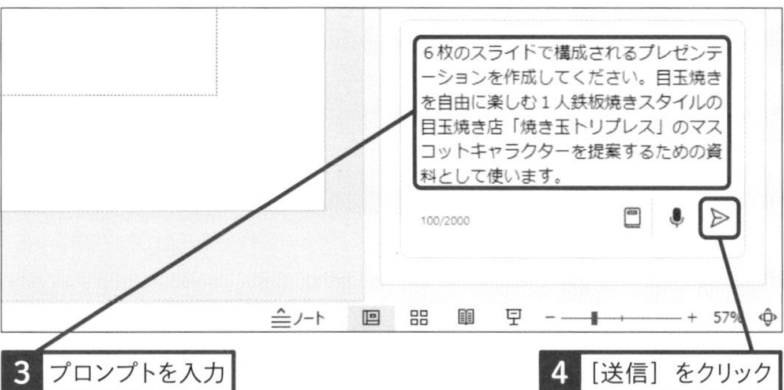

3 プロンプトを入力

4 [送信] をクリック

プロンプトに基づき6枚のスライドが生成された

スライドには画像も自動で挿入される

2 スライドを追加する

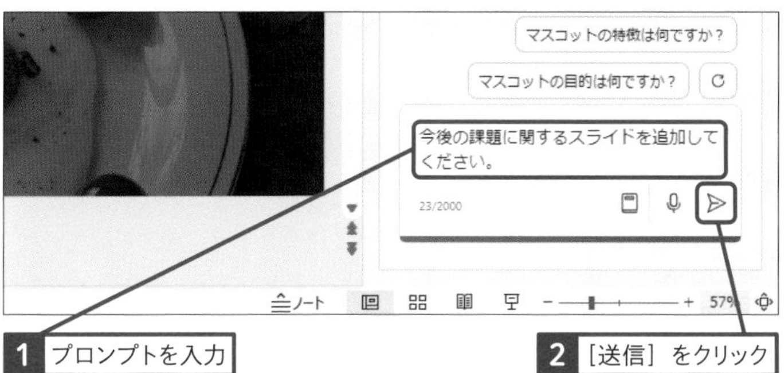

1 プロンプトを入力

2 [送信] をクリック

プロンプトに基づき、今後の課題に関するスライドが生成された

使いこなしのヒント

スライドのレイアウト候補を表示できる

スライドを生成するときは、PowerPointの [デザイナー] 機能も併用すると便利です。次のようにデザイナーからレイアウトを選択することで、目的に合ったデザインを簡単に選択できます。

1 [デザイナー] をクリック

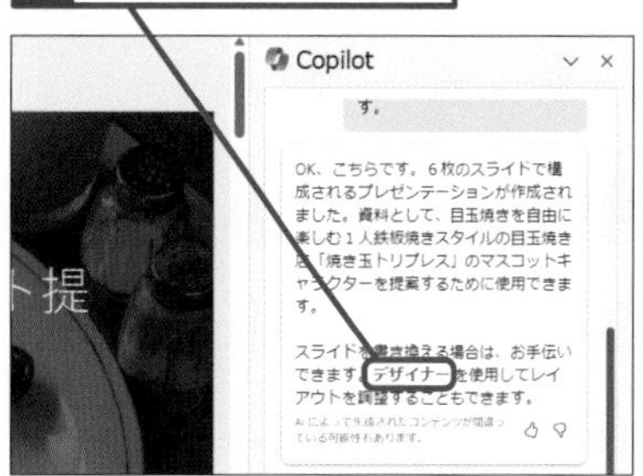

スライドのレイアウトの候補が表示された

まとめ Copilotで全体の枠組みを作る

通常、PowerPointの資料を作るときは、最初から1枚ずつ作っていくことが多いかもしれません。これに対して、Copilotを利用する場合は、まず全体の枠組みを作り、そこから詳細を詰めていくという方法にすると効率的です。まずは、Copilotを使って、全体の流れや伝えるべき内容をスライド化してみましょう。

レッスン

54 PowerPointのスライドに画像を追加する

画像の追加

練習用ファイル L054_プロンプト.txt L054_画像の追加.pptx

Copilotで生成されたスライドは、必ずしも内容に合ったものになっているとは限りません。特に画像はイメージと異なる場合が多くあります。Copilotにイメージを伝えて、適切な画像に差し替えてみましょう。

キーワード

Copilot	P.171
Copilot Pro	P.171
プロンプト	P.172

スライドの内容に合わない画像を差し替えられる

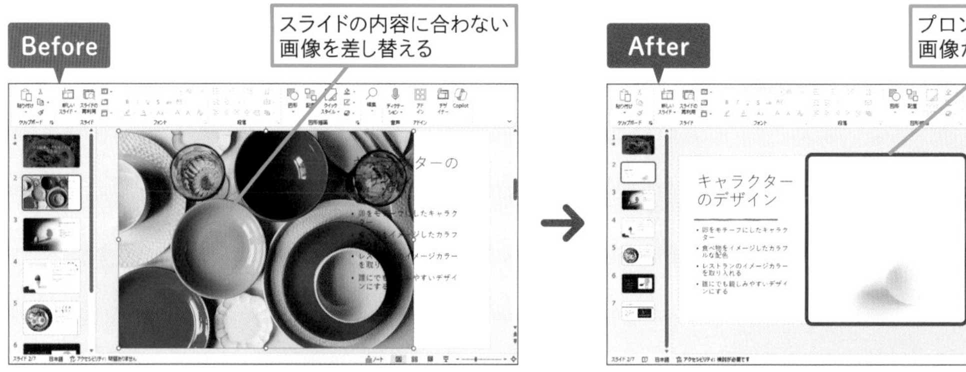

1 スライド内の画像を変更する

使いこなしのヒント

差し替える画像は削除してから追加しよう

最初の画像が残ったままの状態で画像の差し替えを依頼すると、画像が追加されてしまうことがあります。手順のように、不要な画像を削除してから、新しい画像の追加を依頼するほうが確実です。

●画像を追加する

画像が削除された

[Copilot] ウィンドウを表示しておく

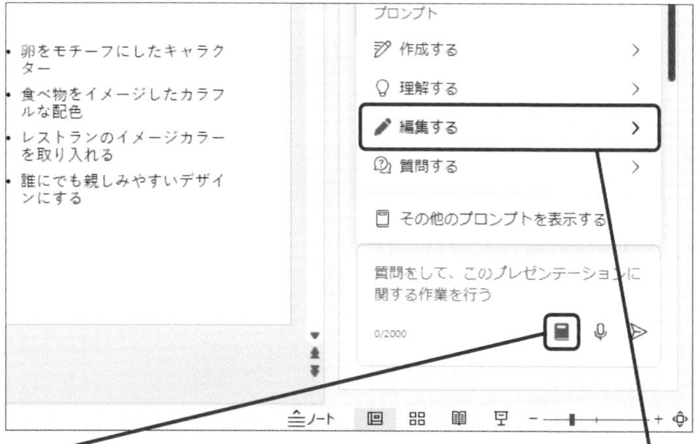

3 [プロンプトガイドの表示] をクリック

4 [編集する] をクリック

5 [次のイメージを追加する] をクリック

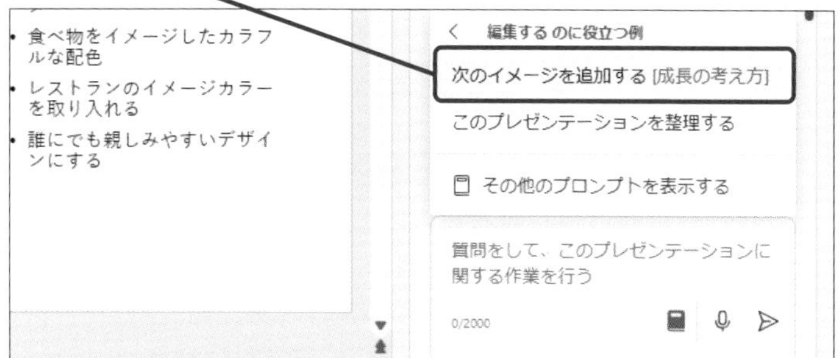

プロンプトが追加された

6 「卵のイメージ」と入力

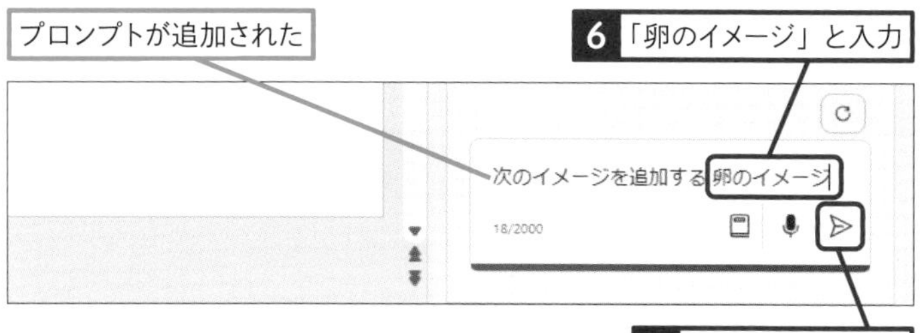

7 [送信] をクリック

画像が追加された

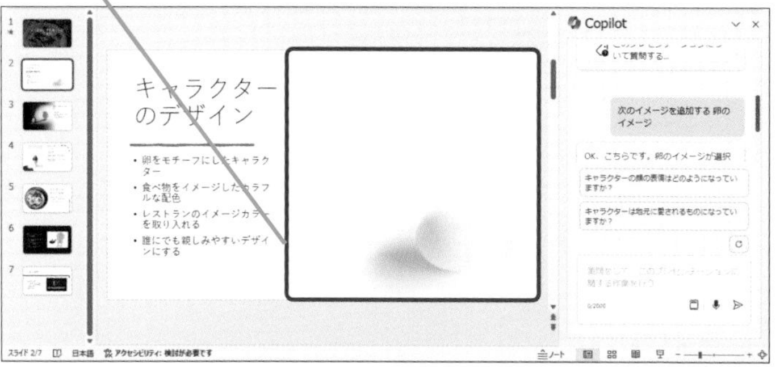

スキルアップ

アニメーション効果も追加できる

スライドにアニメーション効果を追加することもできます。アニメーション効果を追加したいスライドを表示した状態で「このスライドにアニメーション効果を追加してください」と依頼することで、アニメーション効果を追加できます。

プロンプトを入力して送信する

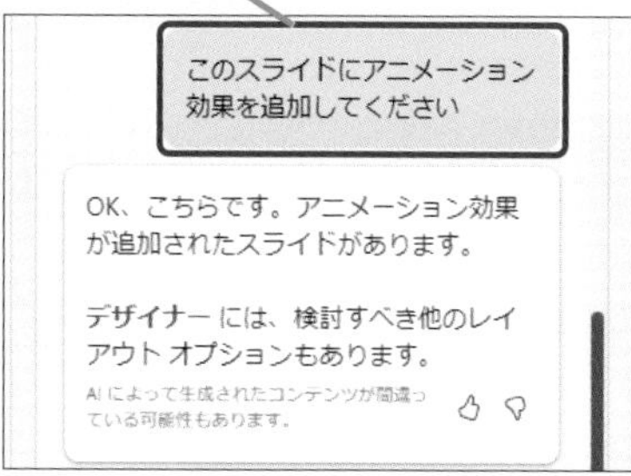

スライドにアニメーションが自動で適用される

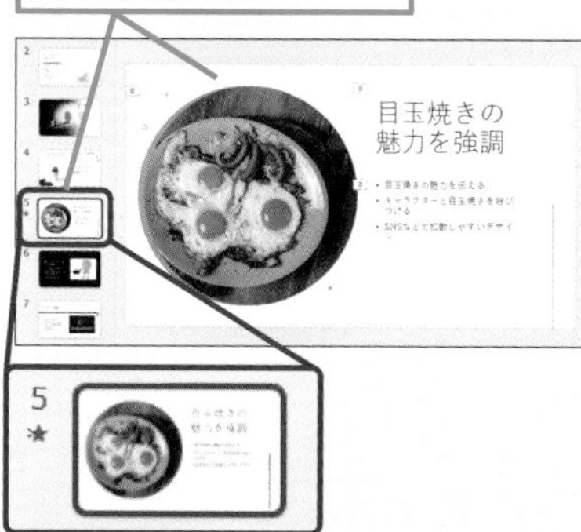

まとめ 意図した画像が使われるとは限らない

挿入できる画像は、PowerPointで利用可能なストック画像から選択されます。このため、なるべく指定したプロンプトに近いものが選択されますが、必ずしも自分のイメージと同じになるとは限りません。このレッスンの例のように「目玉焼き」ではなく「卵」とするなど、言い換えて近い画像を探してみましょう。

レッスン

55 PowerPointでスライドを整理するには

セクションの追加

練習用ファイル L055_プロンプト.txt
L055_ セクションの追加.pptx

スライドの枚数が多いときは、Copilotを利用してスライドをセクションごとに整理すると便利です。カテゴリごとにスライドを分類しやすくなるので、同じスライドが重複することを避けられ、系統立てて全体の流れを整理できます。

キーワード

画像認識	P.172
自然言語	P.172
対話型AI	P.172

スライド全体をセクション分けして整理してくれる

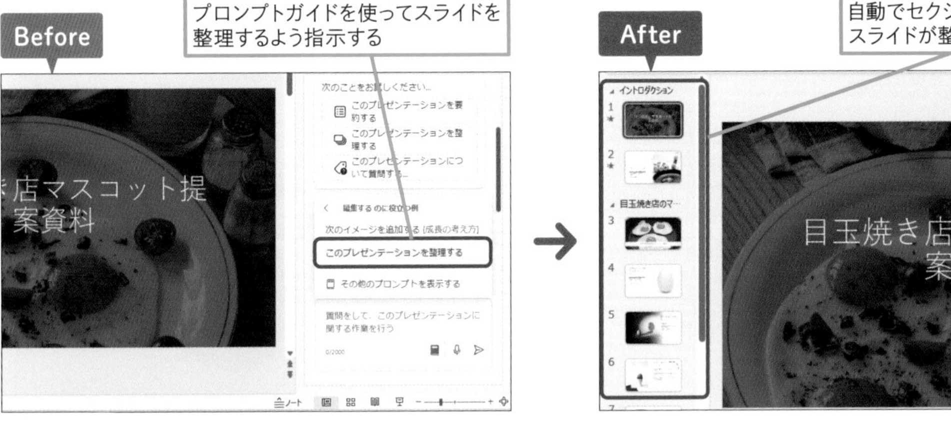

1 セクションを自動で設定する

［Copilot］ウィンドウを表示しておく

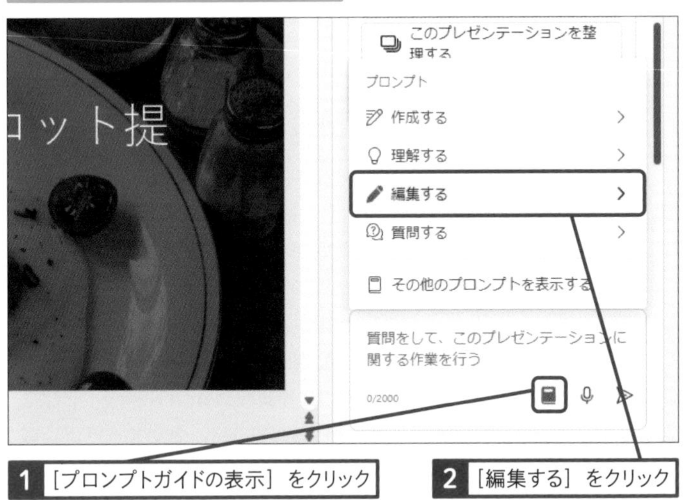

使いこなしのヒント

［元に戻す］で Copilotの操作を戻せる

スライドの作成や画像の追加、セクションの追加など、Copilotによる操作は、通常のPowerPointの操作と同様に［元に戻す］で直前の状態に戻すことができます。間違えて大幅な変更をしてしまっても戻せるので安心です。

●スライドをセクション分けする

3 ［このプレゼンテーションを整理する］をクリック

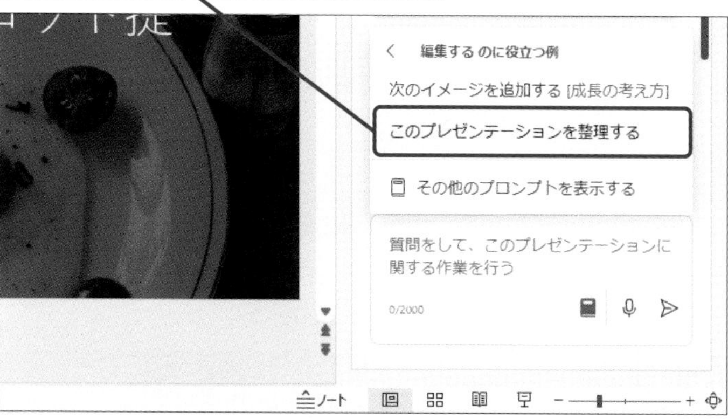

セクションが自動的に追加された

どのようにセクション分けされたのかも［Copilot］ウィンドウに表示される

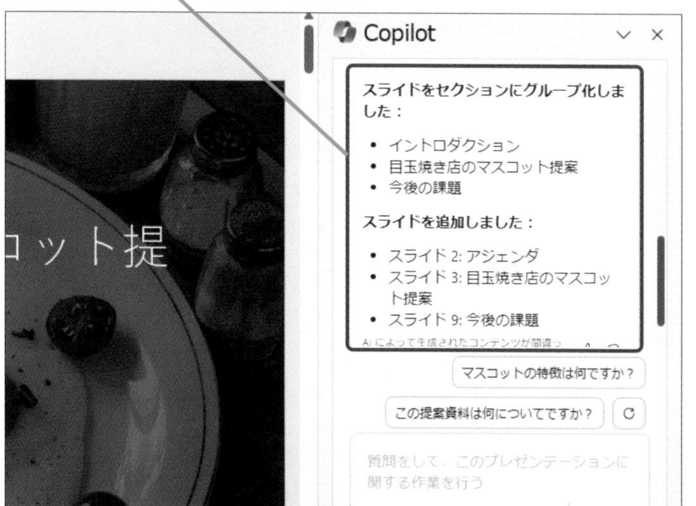

使いこなしのヒント

スライドもいくつか追加される

プレゼンテーションの整理を実行すると、セクションごとに既存のスライドが分類されるだけでなく、各セクションに足りないスライドが自動的に追加されます。追加されたスライドの内容も忘れずに確認しておきましょう。

新たにスライドも追加される

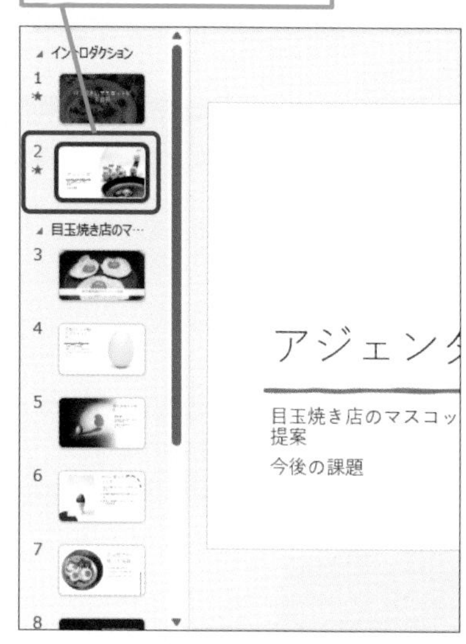

まとめ Copilotで情報を整理しよう

スライドの枚数が増えてくると、内容が冗長になり、結局何が言いたいのかが伝わりにくくなることがあります。スライドを整理して、グループごとに内容を見直したり、スライドの枚数を調整したりするといいでしょう。Copilotを使えば、自動的にセクションを分け、スライドを整理することができます。

レッスン

56 PowerPointの機能について回答してもらう

操作ガイド

練習用ファイル L056_プロンプト.txt
L056_ 操作ガイド.pptx

PowerPointにはたくさんの機能が搭載されています。Copilotは、その機能のすべてを利用することはできませんが、知っている機能については使い方を紹介してくれます。何がしたいのかを伝えることで、操作を助けてもらうことができるでしょう。

キーワード

Copilot Pro	P.171
生成系AI	P.172
対話型AI	P.172

操作がわからない場合はCopilotが教えくれる

Before

Copilotに実行してほしいことをプロンプトに入力する

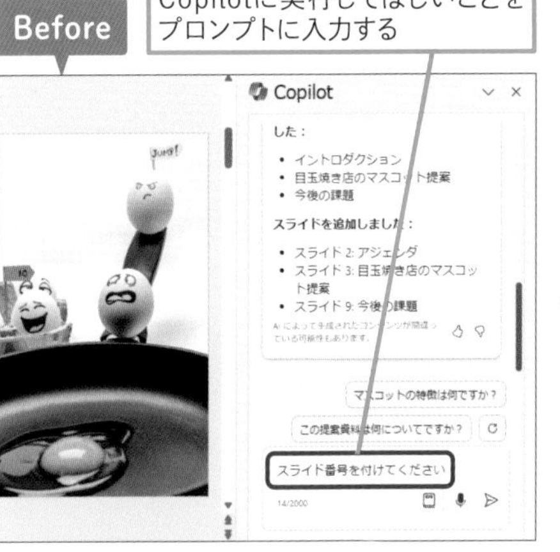

After

その機能を実行できるボタンに操作ガイドが表示される

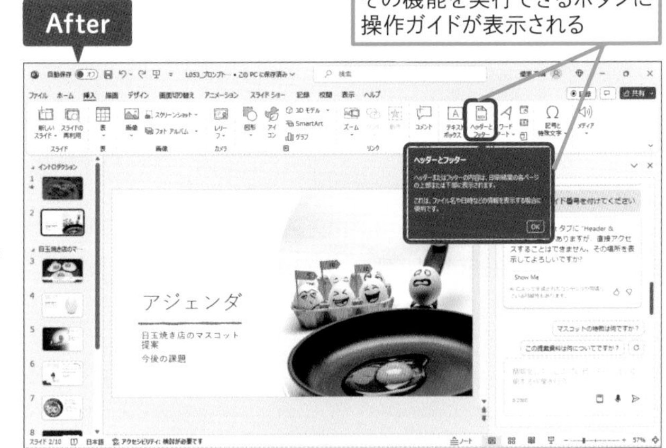

1 操作ガイドを表示する

[Copilot] ウィンドウを表示しておく

1 プロンプトを入力

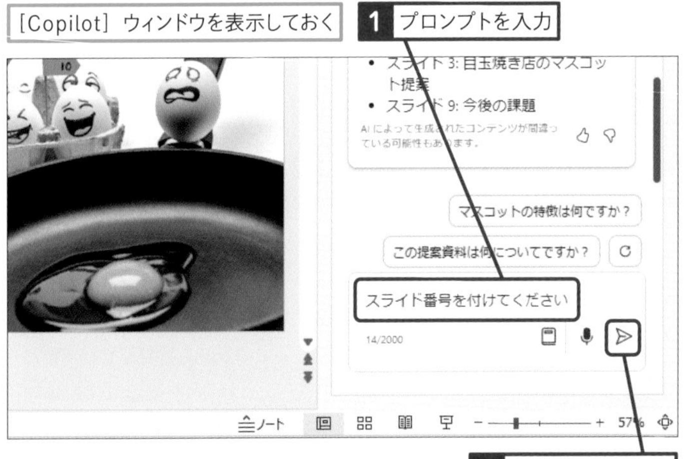

2 [送信] をクリック

使いこなしのヒント

Copilotが操作できない場合にガイドが表示される

プロンプトの内容に、Copilotが直接操作することができない機能が含まれる場合は、Copilotは、その操作方法をガイドとして表示するしくみになっています。表示された操作方法に従って、自身で操作しましょう。

●機能の場所を表示する

Copilotが機能を操作できないことが回答された

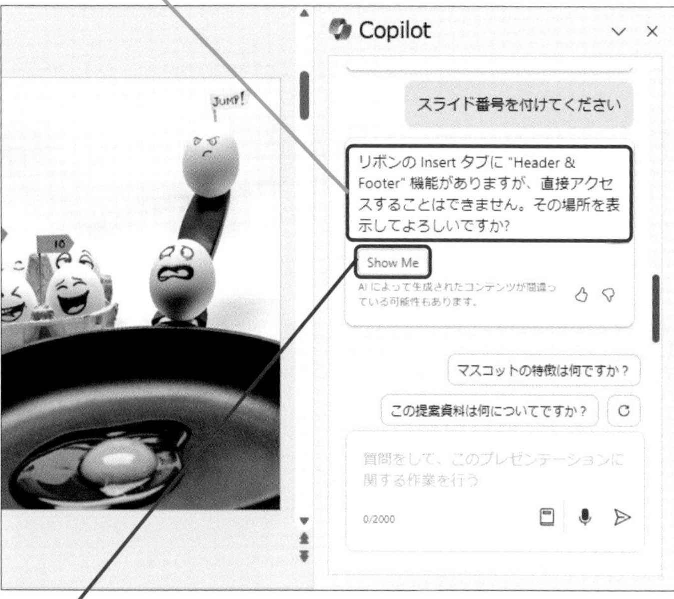

3 [Show Me] をクリック

操作ガイドが表示された

スキルアップ

スライドの内容について細かく回答してくれる

Copilotは、現在開いているプレゼンテーションの各スライドに書かれた情報について回答することもできます。例えば、発表会の資料に記載された発表日について答えたり、プロジェクトの資料に記載された担当者ごとのタスクについて回答したりできます。気になることを自由に質問してみましょう。

日程について質問すると、スライドの内容から答えてくれる

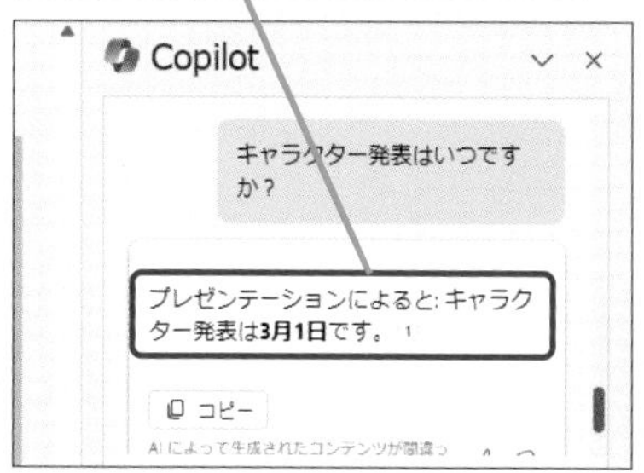

回答された日程が正しいことをスライドの内容から確認できる

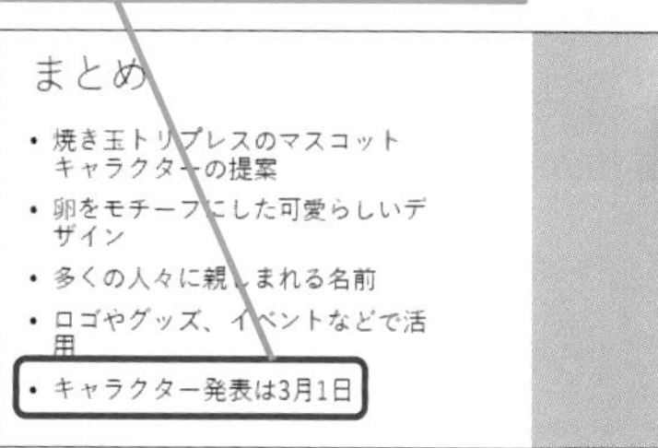

まとめ　PowerPoint初心者でも安心

PowerPointの使い方などで、わからないことがあるときは気軽にCopilotに聞いてみましょう。Copilotが直接実行できることであればその場で実行してくれ、そうでなくても操作方法を丁寧に教えてくれます。PowerPointにはたくさんの機能が搭載されているため、使いこなすのは難しいですが、Copilotがあれば、やりたいことをなんとなく伝えるだけで、機能を利用できます。

レッスン

57 PowerPointでスライドの内容を理解する

キースライド・実施項目

練習用ファイル L057_プロンプト.txt
L057_キースライド・実施項目.pptx

ほかの人が作成したプレゼンテーション資料を読み込むのをCopilotに手伝ってもらいましょう。大量のスライドがある資料でも、重要なポイントを整理したり、やるべきことをリストアップしたりすることが簡単にできます。

キーワード

Copilot	P.171
Copilot Pro	P.171
GPT	P.171

重要なポイントや実行すべきことを整理できる

重要なポイントがリストアップされる

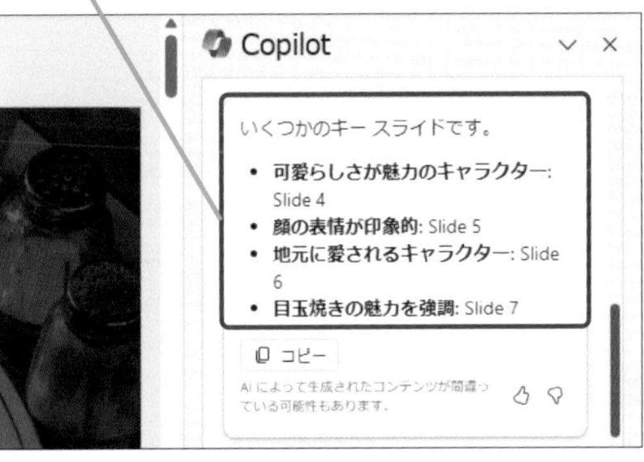

実行が必要なことがリストアップされる

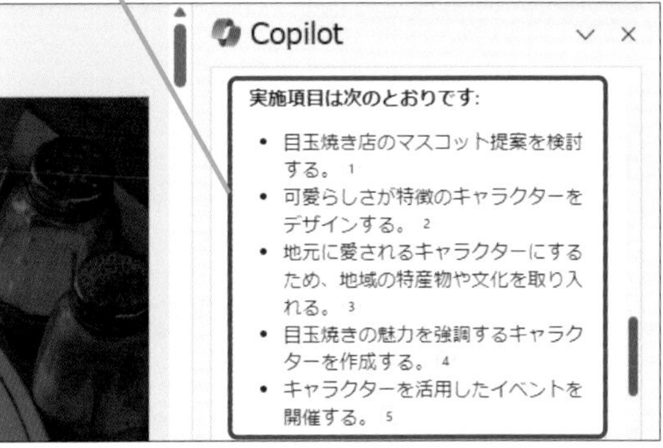

1 重要なスライドを表示する

[Copilot] ウィンドウを表示しておく

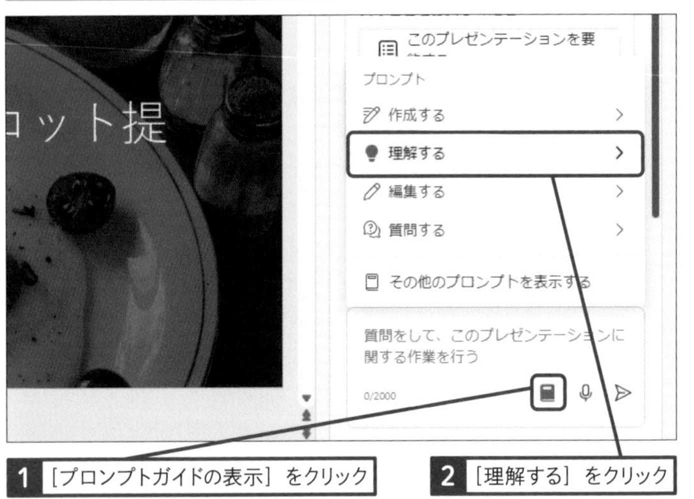

1 [プロンプトガイドの表示] をクリック

2 [理解する] をクリック

使いこなしのヒント

「キースライド」って何?

キースライドとは、プレゼンテーション資料の中で特に重要なことが記載されているスライドです。キースライドを中心に資料を確認することで、重要なポイントを把握できます。

●キースライドを表示する

3 ［このプレゼンテーションのキースライドを表示する］をクリック

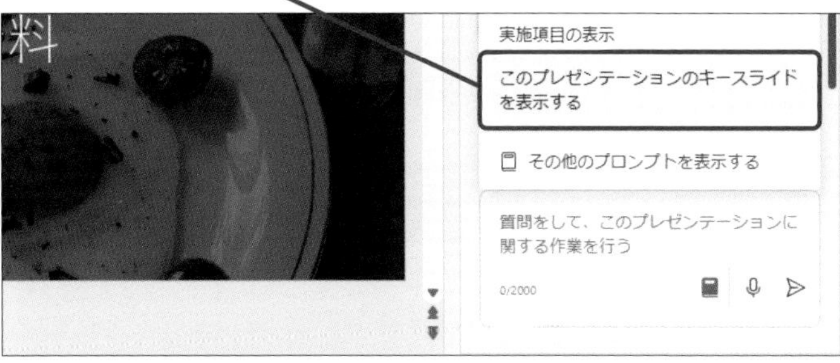

どのスライドがキースライドにあたるのか表示された

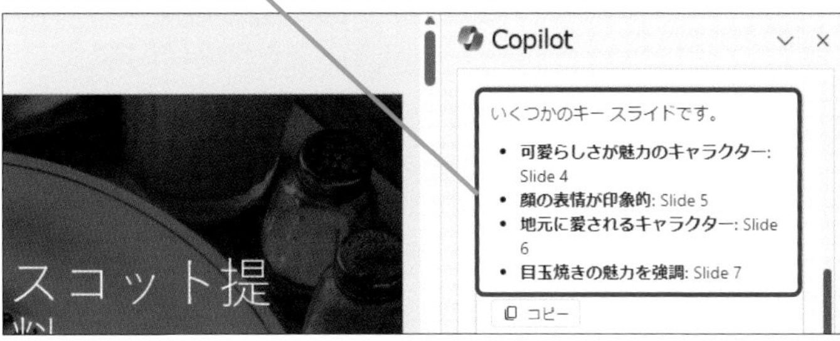

2 何をやるべきなのか表示する

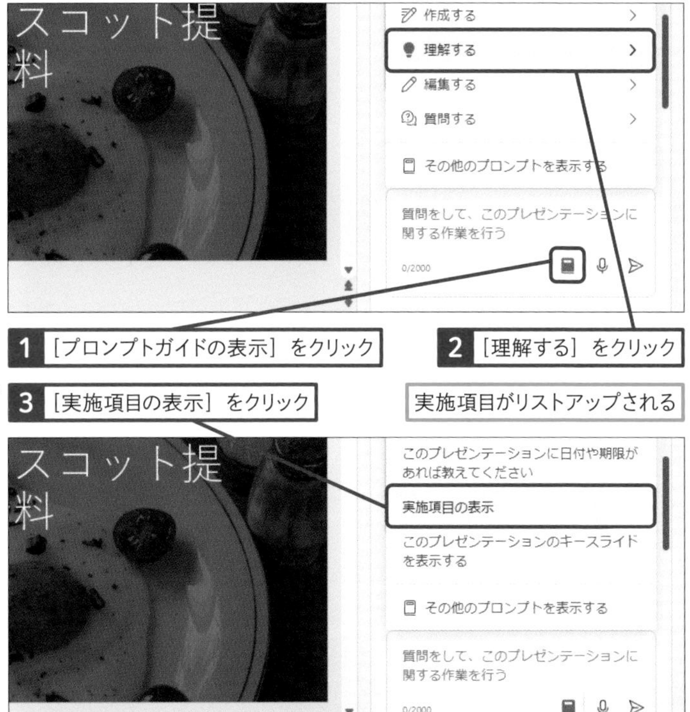

1 ［プロンプトガイドの表示］をクリック

2 ［理解する］をクリック

3 ［実施項目の表示］をクリック

実施項目がリストアップされる

使いこなしのヒント

「実施項目」って何?

実施項目は、スライドを実際のプロジェクトや業務として進めるうえで必要になる具体的な行動のリストです。この資料を踏まえたうえで、次に何をすべきなのかを判断したいときなどに確認するといいでしょう。

使いこなしのヒント

スライドの内容を要約するには

ここではスライド内の細かな部分を確認する方法を紹介しましたが、もちろんスライド全体を要約することもできます。プロンプトガイドの［理解する］から［このプレゼンテーションを要約する］を選択しましょう。

まとめ Copilotと一緒に資料を読み込もう

画像も記載されたプレゼンテーション資料とはいえ、何十枚もあるような資料は、すべてを読んで理解するのが大変です。1枚ずつ見ていくのは時間が掛かるので、まずはCopilotを利用して重要なスライドをチェックしたり、何をすべきなのかを明らかにしたりするといいでしょう。このようにCopilotに質問しながら、一緒に資料を読み込むことで、疑問点をクリアにしながら、しっかりと資料について理解することができます。

レッスン

58 OneNoteで計画を練る

プランの設計

練習用ファイル　L058_プロンプト.txt
L058_プランの設計.txt

アイデアや計画を練るときにもCopilotを活用することができます。さまざまな情報をメモできる「OneNote」でCopilotを利用してみましょう。メモを基にアイデアを具体的に展開したいときや、次のステップにつなげる準備をしたいときに役立ちます。

キーワード

Copilot Pro	P.171
言語モデル	P.172
自然言語	P.172

計画を立てるのを手伝ってもらえる

Before　OneNoteに計画のベースとなるメモを作成しておく

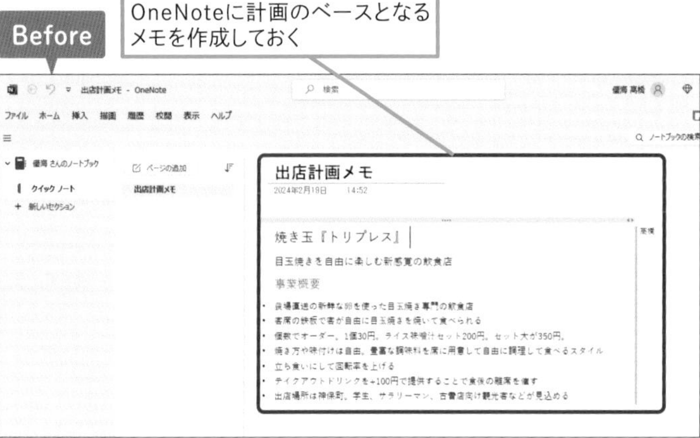

Copilotに実行計画を聞き、生成結果を貼り付ける

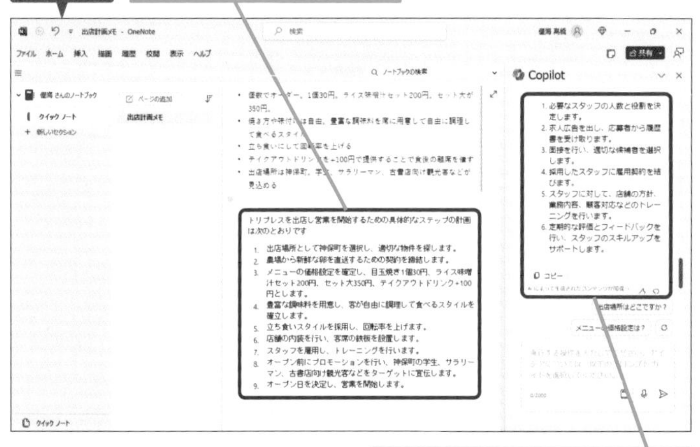

ページに入力された内容についてCopilotに詳しく聞ける

使いこなしのヒント

あらかじめメモを作成しておこう

今回は、あらかじめ作成しておいたメモを基に、次のステップにつながるアイデアをCopilotに考えてもらう方法を紹介しています。このため、基となるアイデアをあらかじめ作成しておく必要があります。OneNoteで新しい「セクション」に「ページ」を作成し、基になる情報を記入しておきましょう。ここでは、「L058_プランの設計.txt」の内容を利用します。

使いこなしのヒント

なるべく詳しい内容を記入しておこう

OneNoteのCopilotは、すでにセクションやページに記入されている情報を参考に、新しいアイデアを出すことができます。このため、基になるメモになるべく詳しい情報があるほうが、より具体的なアイデアを考えやすくなります。例えば、テーマや内容、場所、期間、必要な要素など、思い付くことをなるべくメモしておきましょう。

1 プロジェクトの実行計画を立てる

OneNoteを起動しておく

ノートのセクションにベースとなるメモを作成しておく

1 ［ホーム］タブをクリック

2 ［Copilot］をクリック

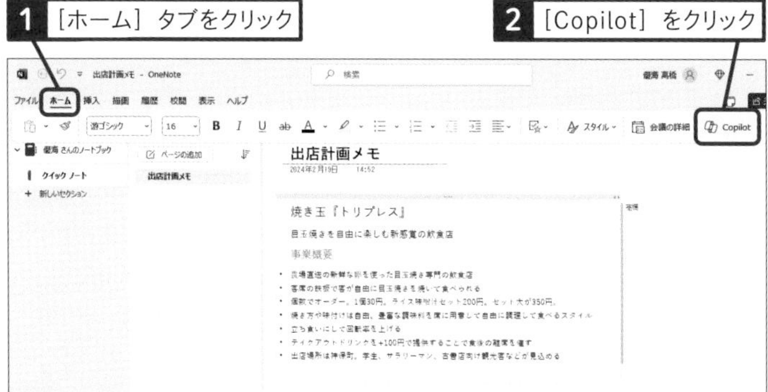

3 ［プロンプトガイドの表示］をクリック

4 ［作成する］をクリック

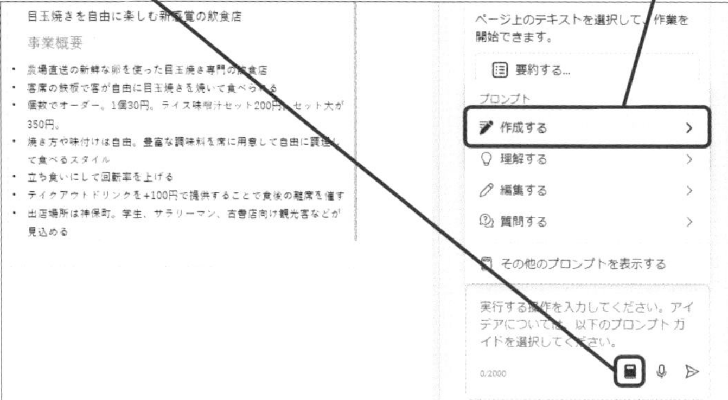

5 ［の計画を立てるのを手伝ってください］をクリック

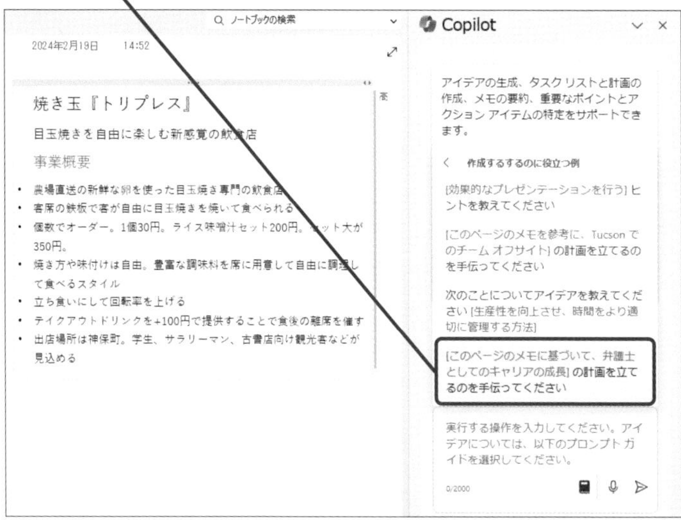

使いこなしのヒント

［OneNote］アプリを利用する

パソコンによっては、［OneNote］という名前のアプリが複数搭載されている場合があります。［OneNote for Windows 10］などの古いアプリではCopilotが使えないので、必ず最新の［OneNote］アプリを利用しましょう。OneNoteアプリが見当たらないときは、［Microsoft Store］からインストールできます。

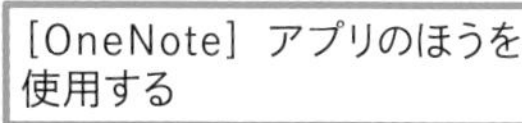

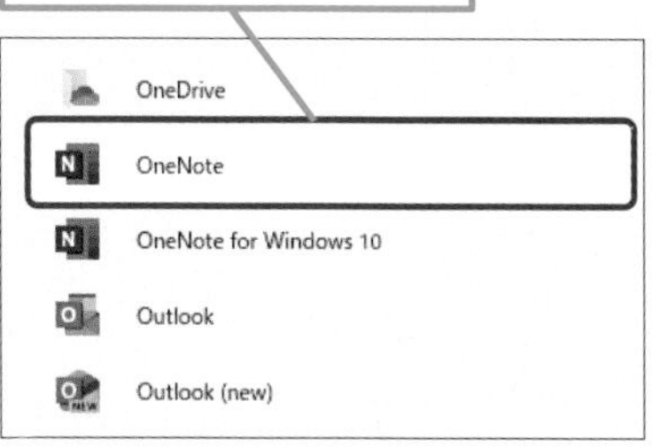

ここに注意

2024年3月時点では、Web版のOneNoteではCopilotが利用できません。必ずアプリ版のOneNoteを利用しましょう。

次のページに続く

●プロンプトを追加する

選択したプロンプトがプロンプト領域に入力された

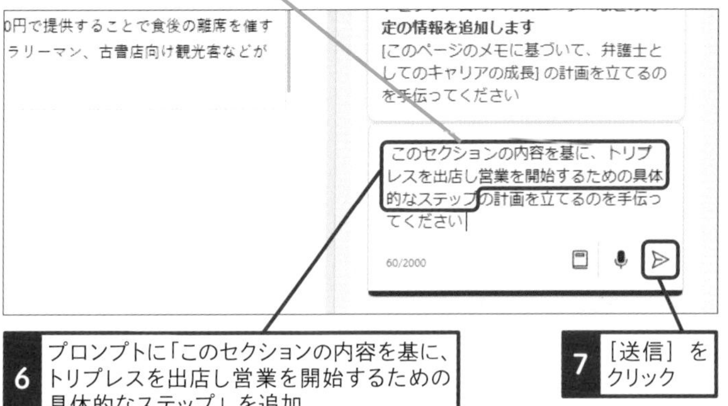

6 プロンプトに「このセクションの内容を基に、トリプレスを出店し営業を開始するための具体的なステップ」を追加

7 ［送信］をクリック

メモの内容を基に出店計画の段取りが回答として生成された

8 スクロールバーをドラッグ

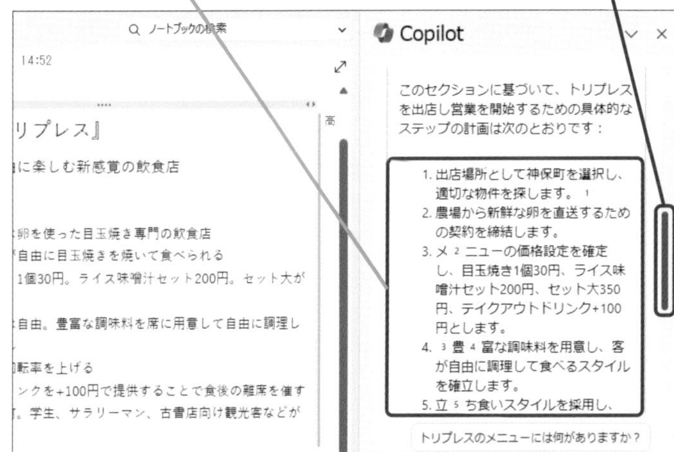

9 ［コピー］をクリック

回答がコピーされるので、ページに貼り付けて、回答に含まれる不要な部分は削除しておく

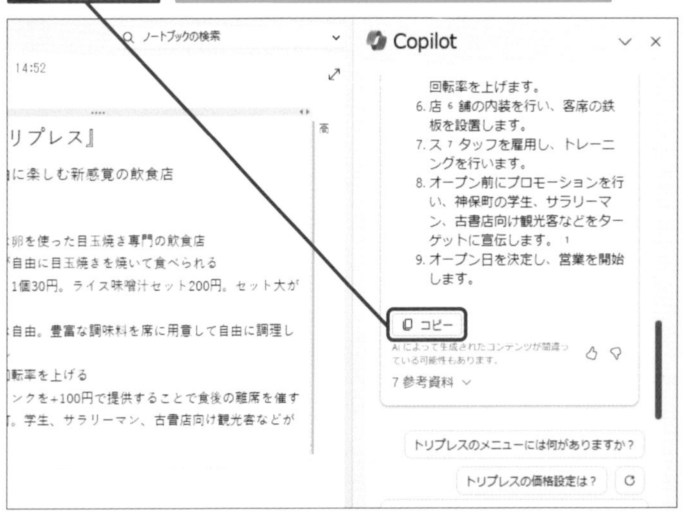

使いこなしのヒント

メモの内容について質問できる

OneNoteに記入されているメモが長いときは、Copilotを使って内容について質問できます。重要なポイントを確認したり、わからないことを質問したりするといいでしょう。なお、Copilotの画面に候補が表示された場合は、その候補からさまざまな質問をすることもできます。

1 表示される候補から質問を選択

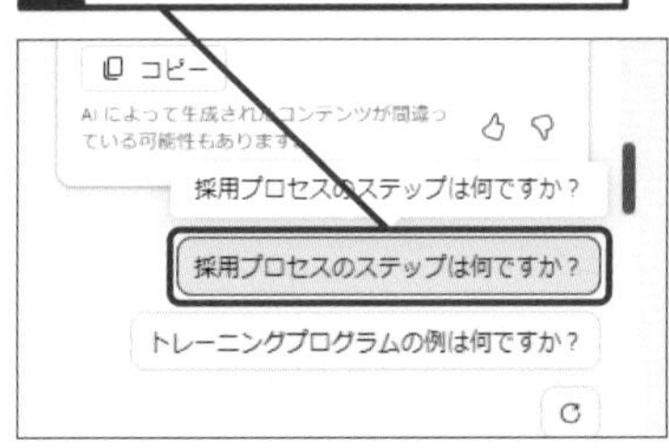

ページに入力された内容を基に回答が生成された

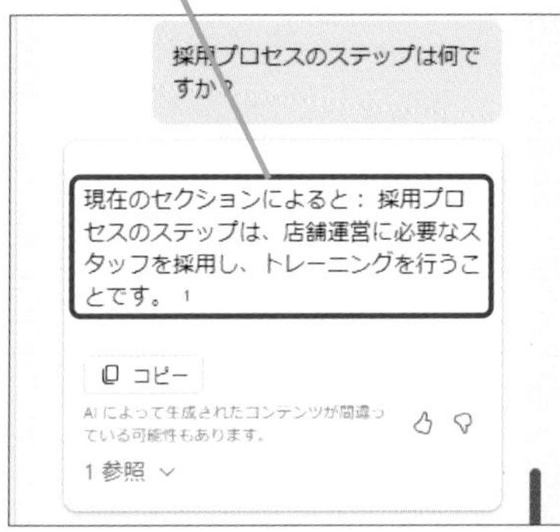

使いこなしのヒント

セクションやページを指定できる

質問をする際、参照する情報はプロンプトで指定できます。ここでは「このセクションの内容を基に」とセクション全体を指定しましたが、「このページから」と開いているページを指定することもできます。メモのページ構成によって質問の仕方を変えましょう。

2 各工程の計画を詳細にしてもらう

手順1で生成された回答をページに貼り付けておく

ここではスタッフの雇用とトレーニングについて聞く

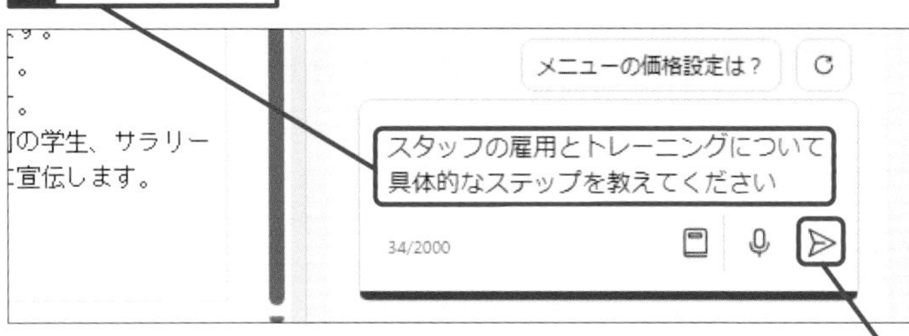

1 プロンプトを入力

2 ［送信］をクリック

スタッフの採用とトレーニングについて詳細な工程が回答された

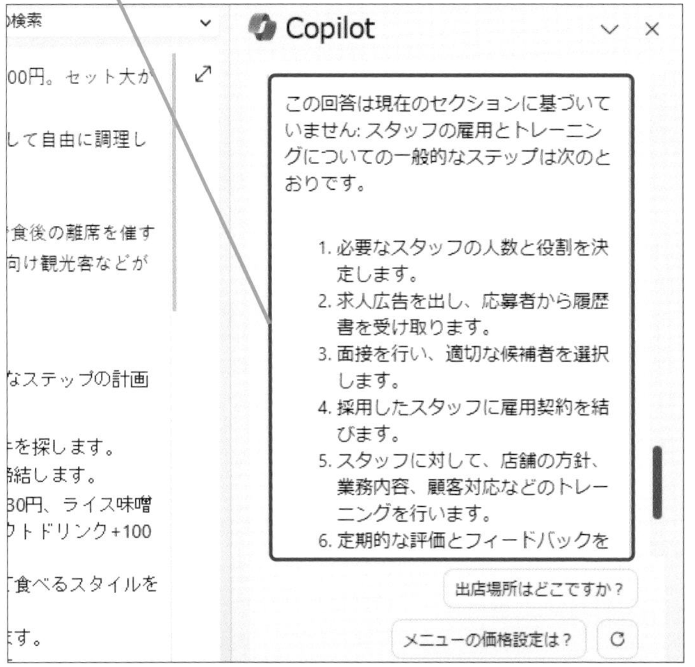

使いこなしのヒント

ページの内容を要約するには

メモに思い付いたことを自由に記入していくと、アイデアの全体像が見えにくくなることがあります。このようなときは、Copilotに要約してもらうといいでしょう。［要約する］という候補があるときは、選択するだけで全体を要約できます。

1 ［要約する］をクリック

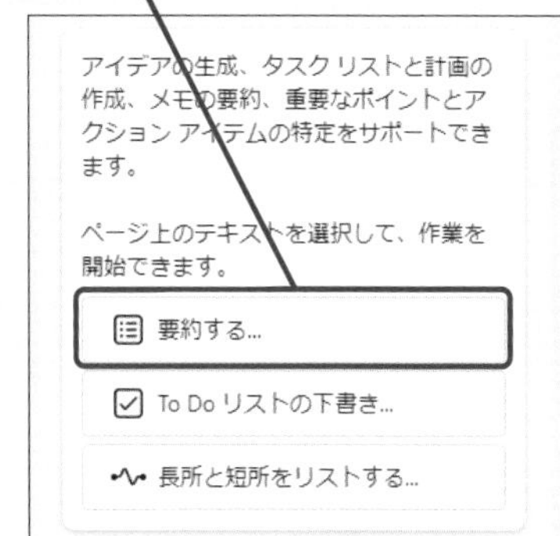

まとめ Copilotと一緒に考えよう

アイデアを出したり、計画を練ったりすることは、かなりの労力が必要な作業です。一人で考えていると、先に進まなかったり、同じようなアイデアしか思い浮かばなくなったりするので、Copilotに助けてもらいましょう。広い視点からアドバイスしてくれるため、見逃していたことや自分では思い付かなった視点を提案してくれます。身近な相談役としてCopilotを活用しましょう。

レッスン
59 Excelでテーブルのデータを見やすくする

書式・フィルター

練習用ファイル L059_プロンプト.txt L059_書式・フィルター.xlsx

Excelのデータ分析にCopilotを活用してみましょう。まずは、ハイライトやフィルターの機能を使って、たくさんのデータの中から特定のデータを見やすくする方法を紹介します。やりたいことをCopilotに伝えるだけで自動的に処理してくれます。

キーワード

ChatGPT	P.171
Copilot	P.171
Copilot Pro	P.171

Copilotでテーブルやデータを操作できる

Before

列の値が「700」以上のセルを強調する

値が「現金」と入力されたセルでフィルターする

	F	G	H	I	J	K	L
1	Gender	AgeGrou	Item	Price	Amount	Subtota	Paymethod
2	男性	高齢者	高菜	250	3	750	現金
3	男性	高齢者	チャーシュー	300	1	300	デビット
4	男性	若者	チャーシュー	300	2	600	クレジット
5	男性	中高年	高菜	250	3	750	クレジット
6	男性	中高年	高菜	250	1	250	クレジット
7	男性	高齢者	チャーシュー	300	3	900	クレジット
8	男性	高齢者	こんぶ	180	3	540	現金
9	女性	若者	こんぶ	180	3	540	クレジット
10	男性	高齢者	こんぶ	180	3	540	クレジット
11	男性	高齢者	こんぶ	180	1	180	現金
12	男性	中高年	こんぶ	180	1	180	デビット
13	男性	若者	ツナマヨ	200	2	400	クレジット
14	男性	子供	チャーシュー	300	2	600	現金
15	男性	若者	こんぶ	180	2	360	クレジット
16	男性	若者	チャーシュー	300	2	600	デビット
17	男性	中高年	いくら	420	2	840	現金
18	男性	若者	ツナマヨ	200	3	600	現金
19	男性	高齢者	ツナマヨ	200	1	200	デビット

↓

After

セルが強調表示される

フィルターが適用される

	F	G	H	I	J	K	L
1	Gender	AgeGrou	Item	Price	Amount	Subtota	Paymethod
3	男性	高齢者	チャーシュー	300	1	300	デビット
4	男性	若者	チャーシュー	300	2	600	クレジット
5	男性	中高年	高菜	250	3	750	クレジット
6	男性	中高年	高菜	250	1	250	クレジット
7	男性	高齢者	チャーシュー	300	3	900	クレジット
9	女性	若者	こんぶ	180	3	540	クレジット
10	男性	高齢者	こんぶ	180	3	540	クレジット
12	男性	中高年	こんぶ	180	1	180	デビット
13	男性	若者	ツナマヨ	200	2	400	クレジット
15	男性	若者	こんぶ	180	2	360	クレジット
16	男性	若者	チャーシュー	300	2	600	デビット
19	男性	高齢者	ツナマヨ	200	1	200	デビット
20	男性	高齢者	高菜	250	2	500	デビット
22	男性	子供	ツナマヨ	200	3	600	デビット
23	男性	子供	チャーシュー	300	3	900	デビット
25	女性	若者	いくら	420	1	420	デビット
27	男性	子供	ツナマヨ	200	3	600	クレジット
29	女性	子供	チャーシュー	300	1	300	デビット
30	男性	子供	チャーシュー	300	2	600	クレジット
31	男性	高齢者	チャーシュー	300	1	300	デビット
33	女性	中高年	こんぶ	180	2	360	デビット
35	男性	中高年	こんぶ	180	3	540	デビット
36	男性	中高年	ツナマヨ	200	3	600	クレジット
38	女性	高齢者	ツナマヨ	200	3	600	クレジット
41	男性	中高年	高菜	250	2	500	クレジット
46	男性	中高年	こんぶ	180	2	360	クレジット
48	女性	中高年	高菜	250	1	250	クレジット

使いこなしのヒント

ExcelのCopilotボタンが押せない!

ExcelでCopilotを利用するには3の条件があります。1つめはファイルの保存先がOneDriveまたはSharePointになっていること。2つめは自動保存が有効になっていること。3つめはデータがテーブルとして書式設定されていることです。これらの条件を満たさないとCopilotボタンを押せません。

[Copilot] ボタンをクリックできない

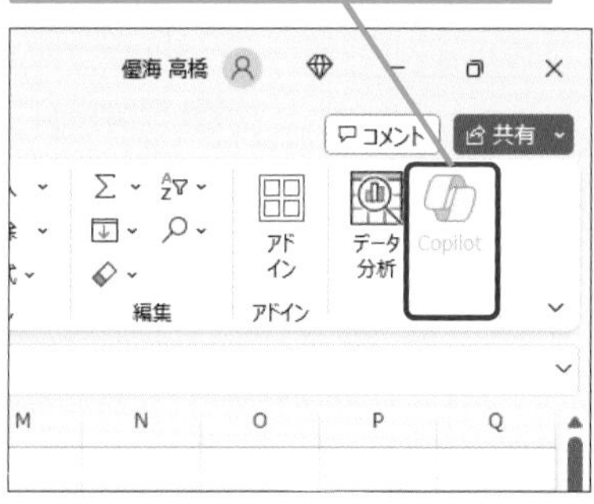

使いこなしのヒント

プロンプトは英語で入力する必要がある

2024年3月時点、個人向けのCopilot Proで提供されているCopilot in Excelは日本語のプロンプトを受け付けません。データ自体は日本語でも問題ありませんが、依頼のためのプロンプトは英語で入力しましょう。

1 特定のセルをハイライトする

[Subtotal] 列の値が「700」以上のセルを強調する

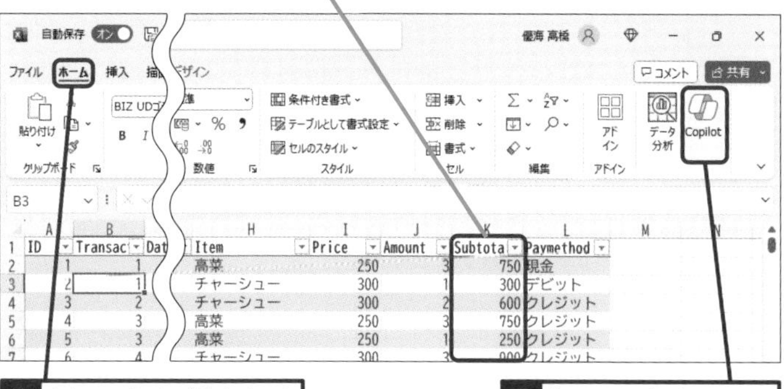

1 [ホーム] タブをクリック

2 [Copilot] をクリック

[Copilot] ウィンドウが表示された

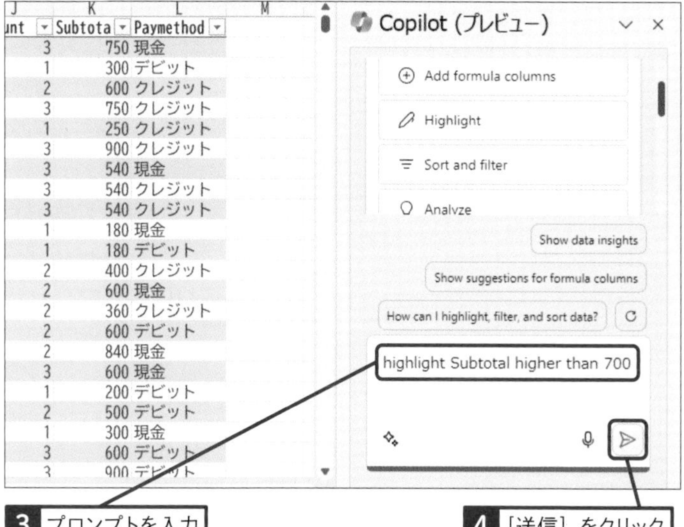

3 プロンプトを入力

4 [送信] をクリック

値が「700」より大きいセルに塗りつぶしを適用したことが回答として表示された

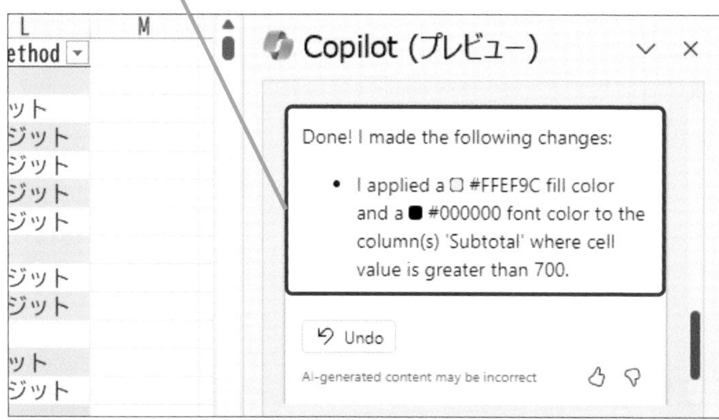

使いこなしのヒント

データを「テーブル」に設定しておこう

Copilotでデータを処理するには、あらかじめテーブルとして書式設定されている必要があります。[ホーム] タブの [テーブルとして書式設定] をクリックし、データの範囲を指定してテーブルに設定しておきましょう。

使いこなしのヒント

適用されたセルの強調を解除するには

セルの強調表示を解除するには、Copilotの [Undo] をクリックします。また、Excelの [クイックアクセスツールバー] の [元に戻す] をクリックしたり、Ctrl+Zキーを押したりして、元に戻すこともできます。もちろん、「Disable highlights in Subtotal Column」などとCopilotに依頼して解除することもできます。

[Undo] をクリックする

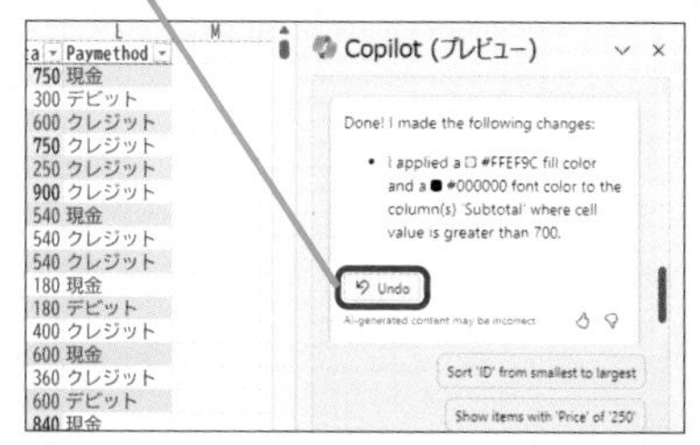

59 書式・フィルター

次のページに続く

●セルに書式が適用された

値が「700」以上のセルが強調された

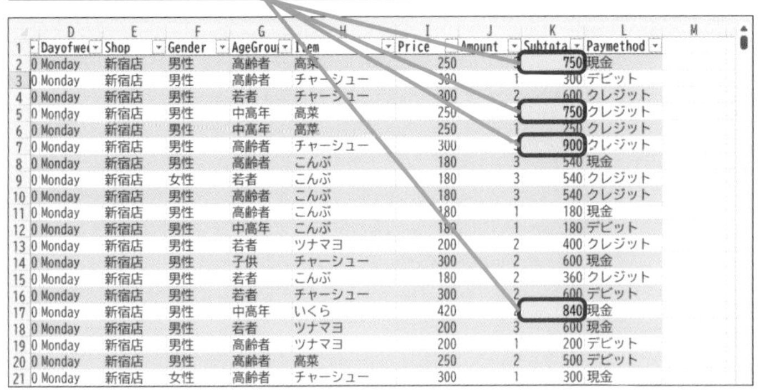

	D	E	F	G	H	I	J	K	L
1	Dayofwe	Shop	Gender	AgeGrou	Item	Price	Amount	Subtota	Paymethod
2	0 Monday	新宿店	男性	高齢者	高菜	250	3	750	現金
3	0 Monday	新宿店	男性	高齢者	チャーシュー	300	1	300	デビット
4	0 Monday	新宿店	男性	若者	チャーシュー	300	2	600	クレジット
5	0 Monday	新宿店	男性	中高年	高菜	250	3	750	クレジット
6	0 Monday	新宿店	男性	中高年	高菜	250	1	250	クレジット
7	0 Monday	新宿店	男性	高齢者	チャーシュー	300	3	900	クレジット
8	0 Monday	新宿店	男性	高齢者	こんぶ	180	3	540	現金
9	0 Monday	新宿店	女性	若者	こんぶ	180	3	540	クレジット
10	0 Monday	新宿店	男性	高齢者	こんぶ	180	3	540	クレジット
11	0 Monday	新宿店	男性	高齢者	こんぶ	180	1	180	現金
12	0 Monday	新宿店	男性	中高年	こんぶ	180	1	180	デビット
13	0 Monday	新宿店	男性	若者	ツナマヨ	200	2	400	クレジット
14	0 Monday	新宿店	男性	子供	チャーシュー	300	2	600	現金
15	0 Monday	新宿店	男性	若者	こんぶ	180	2	360	クレジット
16	0 Monday	新宿店	男性	若者	チャーシュー	300	2	600	デビット
17	0 Monday	新宿店	男性	中高年	いくら	420	[illegible]	840	現金
18	0 Monday	新宿店	男性	若者	ツナマヨ	200	3	600	現金
19	0 Monday	新宿店	男性	高齢者	ツナマヨ	200	1	200	デビット
20	0 Monday	新宿店	男性	高齢者	高菜	250	2	500	デビット
21	0 Monday	新宿店	女性	高齢者	チャーシュー	300	1	300	現金

2 特定のデータを非表示にする

［Paymethod］列の値が「現金」と入力されたセルでフィルターする

Item	Price	Amount	Subtota	Paymethod
高菜	250	3	750	現金
チャーシュー	300	1	300	デビット
チャーシュー	300	2	600	クレジット
高菜	250	3	750	クレジット
高菜	250	1	250	クレジット
チャーシュー	300	3	900	クレジット
こんぶ	180	3	540	現金
こんぶ	180	3	540	クレジット

［Copilot］ウィンドウを表示しておく

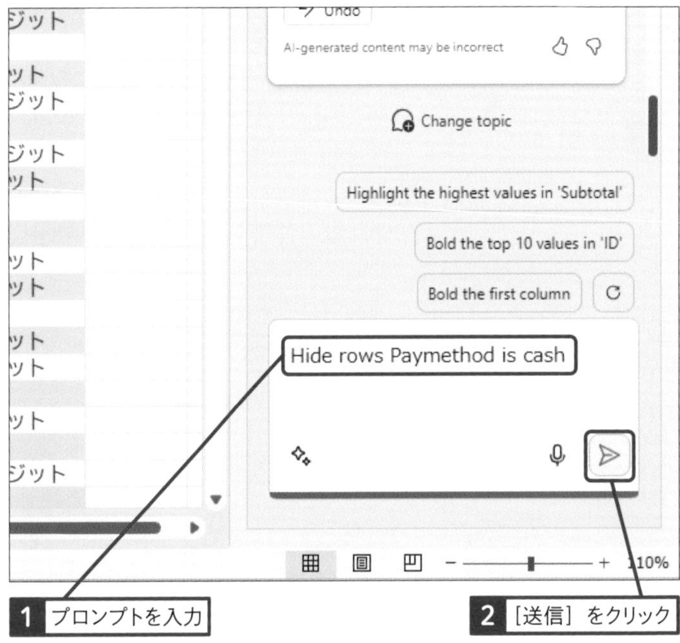

1 プロンプトを入力

2 ［送信］をクリック

使いこなしのヒント

ほかにどんなことができるの？

背景の設定のほか、次のように指示することで文字を太字にすることもできます。また、「Apply a red-yellow-green color scale to Subtotal」とすることで、値の大小に応じてセルを色分けすることもできます。

以下のようなプロンプトを入力すると文字に「Bold」（太字）の書式を適用できる

ここでは［Subtotal］列のトップ10の値に太字の書式を適用した

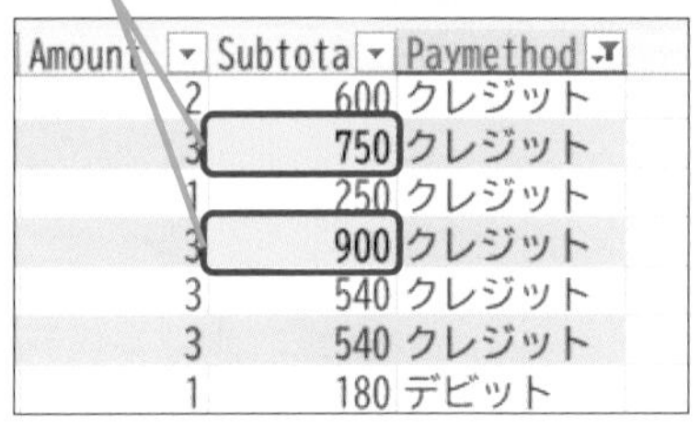

Amount	Subtota	Paymethod
2	600	クレジット
3	750	クレジット
1	250	クレジット
3	900	クレジット
3	540	クレジット
3	540	クレジット
1	180	デビット

●フィルターが適用された

「現金」と入力されたセル以外の行を表示したことが回答として表示された

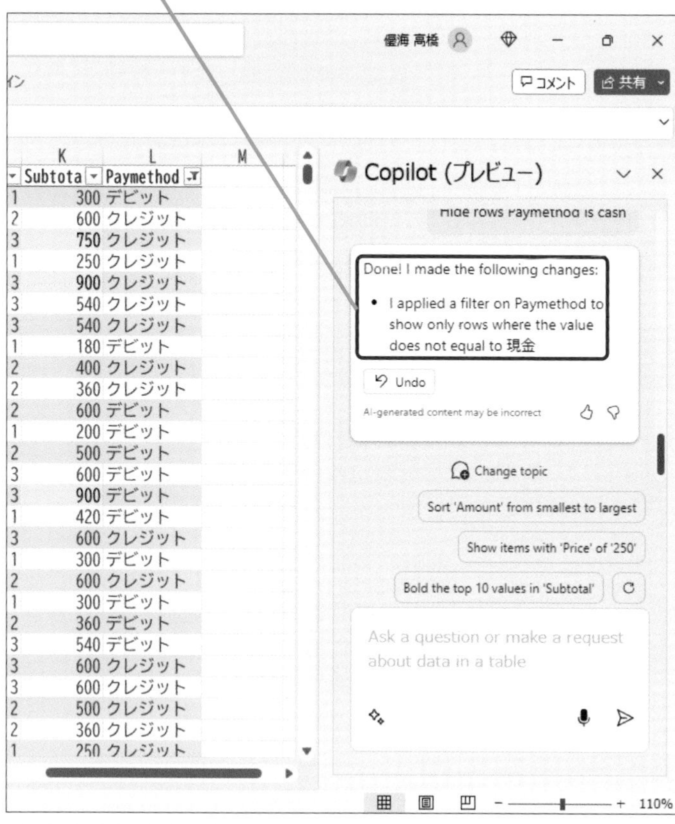

テーブルにもフィルターが適用されていることがわかる

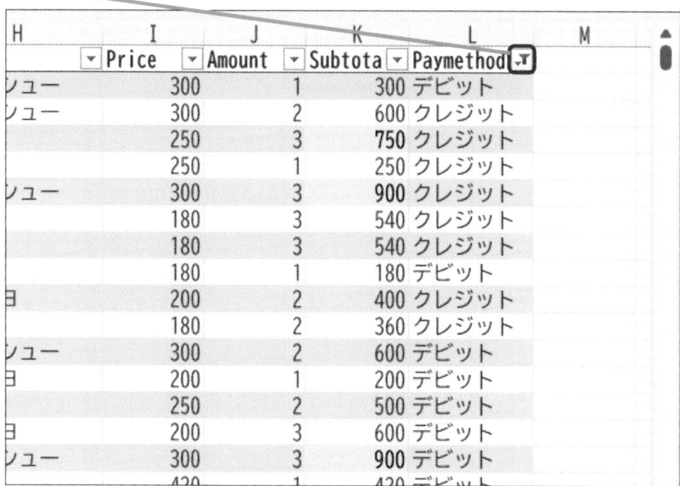

使いこなしのヒント

フィルターボタンから解除するには

適用したフィルターはフィルターボタンから解除することができます。次のように見出し列のフィルターボタンから、フィルターをクリアしましょう。

1 フィルターボタンをクリック

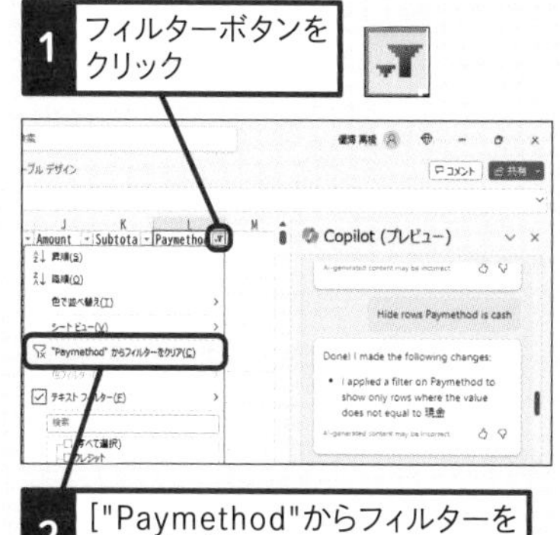

2 ["Paymethod"からフィルターをクリア］をクリック

59

書式・フィルター

まとめ データを見やすくできる

Copilotを利用すると、データの中の特定の値を強調表示したり、フィルターしたりすることが簡単にできます。Excelの操作に慣れていなくても、条件などを言葉で説明するだけですぐに適用できます。データの中で、特に注目したいデータがあるときなどに活用するといいでしょう。

レッスン

60 Excelで数式を作ってもらう

データの集計

練習用ファイル L060_プロンプト.txt / L060_データの集計_01.xlsx L060_データの集計_02.xlsx

データを集計するための数式をCopilotに作ってもらいましょう。Excelの関数に詳しくなくても、必要なデータを説明するだけで自動的に数式を作成してくれます。分析したいことや知りたいデータをCopilotに伝えて、代わりに表を操作してもらいましょう。

キーワード

Copilot Pro	P.171
プロンプト	P.172
プロンプトエンジニアリング	P.172

数式が含まれる新しい列を追加してくれる

Before

商品の売り上げデータが1会計ごとに1行で入力されている

［TransactionID］列には取引IDが入力され、同じ番号は同じ顧客を意味する

	A	B	C	D	E	F	G	H	I	J
1	ID	Transac	DateTime	Dayofwee	Shop	Gender	AgeGrou	Item	Price	Amount
2	1	1	2023/7/24 7:00	Monday	新宿店	男性	高齢者	高菜	250	3
3	2	1	2023/7/24 7:00	Monday	新宿店	男性	高齢者	チャーシュー	300	1
4	3	2	2023/7/24 7:00	Monday	新宿店	男性	若者	チャーシュー	300	2
5	4	3	2023/7/24 7:00	Monday	新宿店	男性	中高年	高菜	250	3
6	5	3	2023/7/24 7:00	Monday	新宿店	男性	中高年	高菜	250	1
7	6	4	2023/7/24 7:00	Monday	新宿店	男性	高齢者	チャーシュー	300	3
8	7	4	2023/7/24 7:00	Monday	新宿店	男性	高齢者	こんぶ	180	3
9	8	5	2023/7/24 7:00	Monday	新宿店	女性	若者	こんぶ	180	3
10	9	6	2023/7/24 7:00	Monday	新宿店	男性	高齢者	こんぶ	180	3
11	10	6	2023/7/24 7:00	Monday	新宿店	男性	高齢者	こんぶ	180	1
12	11	7	2023/7/24 7:00	Monday	新宿店	男性	中高年	こんぶ	180	1

After

時間を4つに分類する列を追加する

Price	Amount	Subtota	Paymethod	TimeOfDay
250	3	750	現金	Morning
300	1	300	デビット	Morning
300	2	600	クレジット	Morning
250	3	750	クレジット	Morning
250	1	250	クレジット	Morning
300	3	900	クレジット	Morning
180	3	540	現金	Morning
180	3	540	クレジット	Morning
180	3	540	クレジット	Morning
180	1	180	現金	Morning
180	1	180	デビット	Morning
200	2	400	クレジット	Morning
300	2	600	現金	Morning
180	2	360	クレジット	Morning
300	2	600	デビット	Morning
420	2	840	現金	Morning
200	3	600	現金	Morning
200	1	200	デビット	Morning
250	2	500	デビット	Morning
300	1	300	現金	Morning
200	3	600	デビット	Morning

顧客ごとの売上合計金額を表示する列を追加する

Amount	Subtota	Paymethod	Transaction Total
3	750	現金	1,050
1	300	デビット	1,050
2	600	クレジット	600
3	750	クレジット	1,000
1	250	クレジット	1,000
3	900	クレジット	1,440
3	540	現金	1,440
3	540	クレジット	540
3	540	クレジット	720
1	180	現金	720
1	180	デビット	180
2	400	クレジット	400
2	600	現金	600
2	360	クレジット	960
2	600	デビット	960
2	840	現金	840
3	600	現金	600
1	200	デビット	200
2	500	デビット	500
1	300	現金	300
3	600	デビット	1,500

1 時間帯を4つに分類する列を追加する

「L060_データの集計_01.xlsx」を開いておく

テーブルに時間を「Morning」「Afternoon」「Evening」「Night」の時間帯に分類する列を追加する

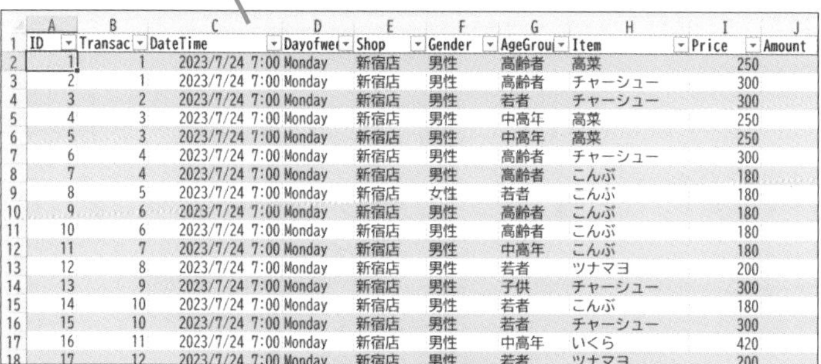

ID	Transac	DateTime	Dayofwe	Shop	Gender	AgeGrou	Item	Price	Amount
1	1	2023/7/24 7:00	Monday	新宿店	男性	高齢者	高菜	250	
2	1	2023/7/24 7:00	Monday	新宿店	男性	高齢者	チャーシュー	300	
3	2	2023/7/24 7:00	Monday	新宿店	男性	若者	チャーシュー	300	
4	3	2023/7/24 7:00	Monday	新宿店	男性	中高年	高菜	250	
5	3	2023/7/24 7:00	Monday	新宿店	男性	中高年	高菜	250	
6	4	2023/7/24 7:00	Monday	新宿店	男性	高齢者	チャーシュー	300	
7	4	2023/7/24 7:00	Monday	新宿店	男性	高齢者	こんぶ	180	
8	5	2023/7/24 7:00	Monday	新宿店	女性	若者	こんぶ	180	
9	6	2023/7/24 7:00	Monday	新宿店	男性	高齢者	こんぶ	180	
10	6	2023/7/24 7:00	Monday	新宿店	男性	高齢者	こんぶ	180	
11	7	2023/7/24 7:00	Monday	新宿店	男性	中高年	こんぶ	180	
12	8	2023/7/24 7:00	Monday	新宿店	男性	若者	ツナマヨ	200	
13	9	2023/7/24 7:00	Monday	新宿店	男性	子供	チャーシュー	300	
14	10	2023/7/24 7:00	Monday	新宿店	男性	若者	こんぶ	180	
15	10	2023/7/24 7:00	Monday	新宿店	男性	若者	チャーシュー	300	
16	11	2023/7/24 7:00	Monday	新宿店	男性	中高年	いくら	420	
17	12	2023/7/24 7:00	Monday	新宿店	男性	若者	ツナマヨ	200	

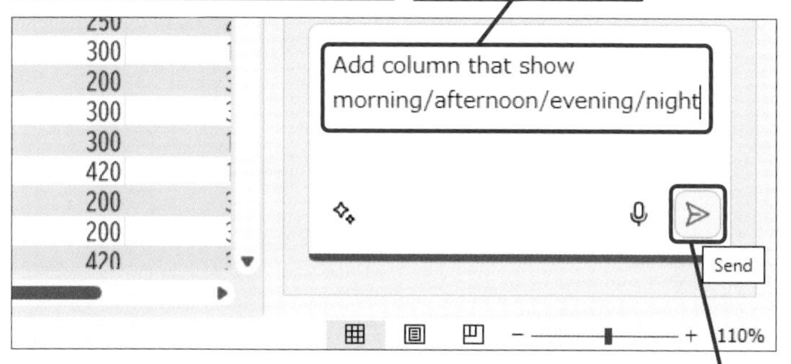

数式が提案された

3 スクロールバーをドラッグ

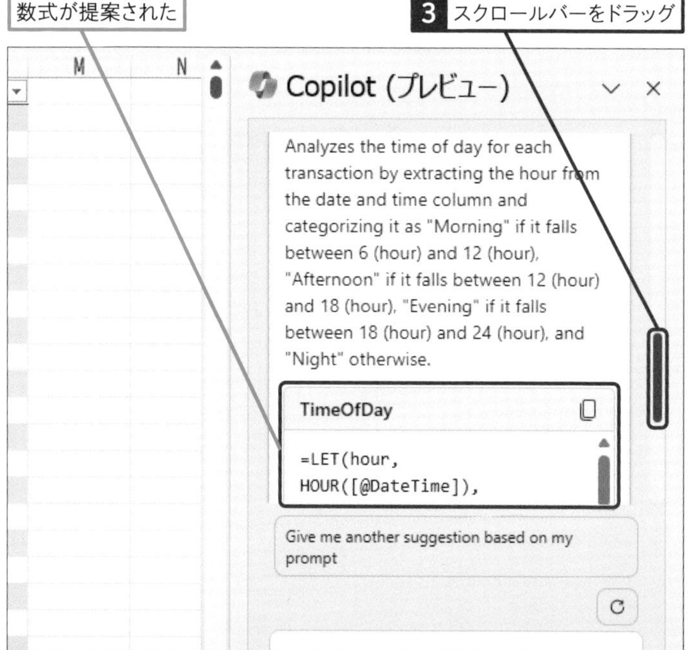

使いこなしのヒント

数式をコピーするには

ここでは提案された数式をそのまま使って列を追加しました。もしも、数式をコピーして別の方法で利用したいときは、右上の［Copy］ボタンでコピーしましょう。メモ帳などに貼り付けて編集したり、自分で作成した列のセルに貼り付けたりして利用しましょう。

1 ［Copy］をクリック

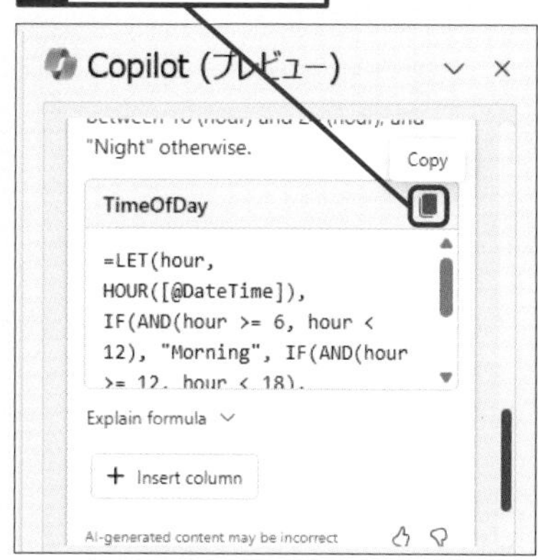

次のページに続く

●列を追加する

4 [Insert column] をクリック

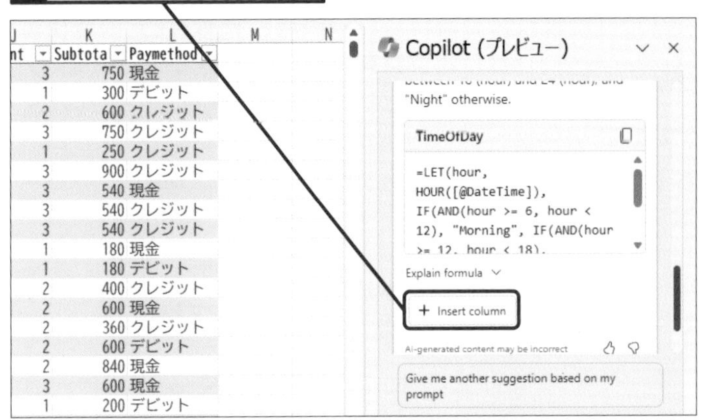

[DateTime] 列の値を基に時間を「Morning」「Afternoon」「Evening」「Night」の時間帯に分類する列が追加された

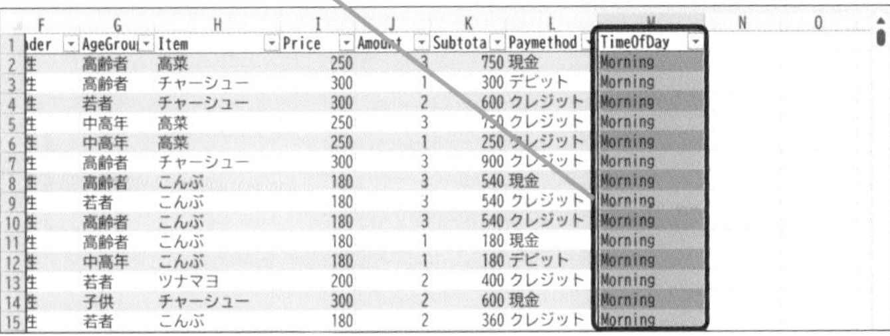

2 顧客ごとの売上合計金額を集計する

「L060_データの集計_02.xlsx」を開いておく

[TransactionID] 列を用いて同じ取引IDごとの売り上げを合計する列を追加する

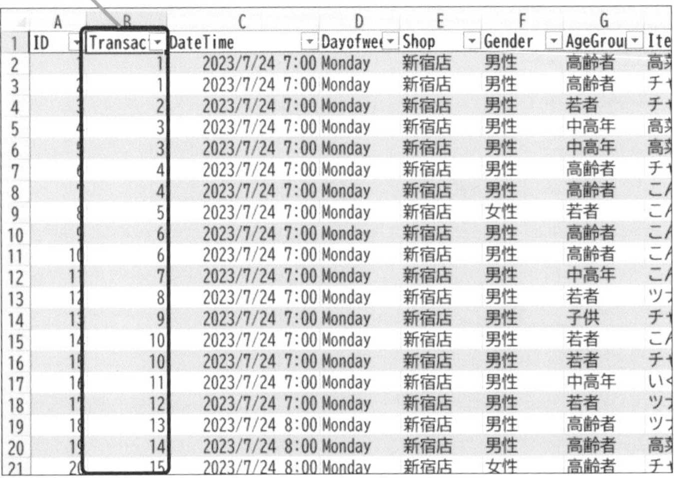

使いこなしのヒント

列をプレビューできる

実際に列を追加する前に、値を確認したいときは、[Insert Column] にマウスポインターを合わせます。挿入される予定の列がプレビュー表示されるので、実際の値を確認できます。

1 [Insert column] にマウスポインターを合わせる

列がプレビューされる

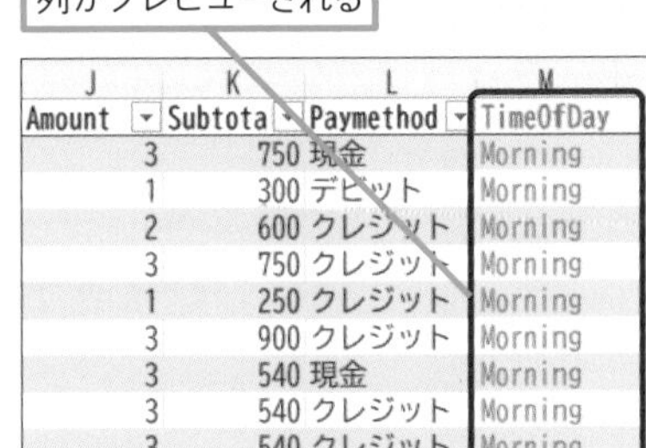

使いこなしのヒント

列の追加を取り消すには

列の追加を取り消すには、Copilotのメッセージに表示されている [Undo] ボタンをクリックします。Excelの [元に戻す] ボタンや Ctrl + Z キーでも元に戻せます。

1 [Undo] をクリック

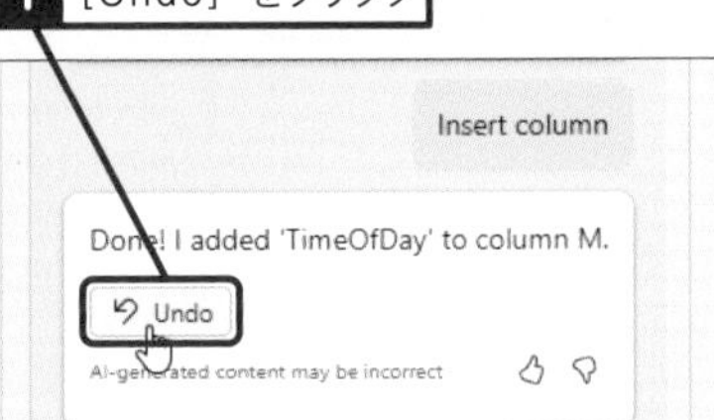

活用編 第6章 「Copilot Pro」を使ってWordやExcelでAIを活用する

●プロンプトを入力する

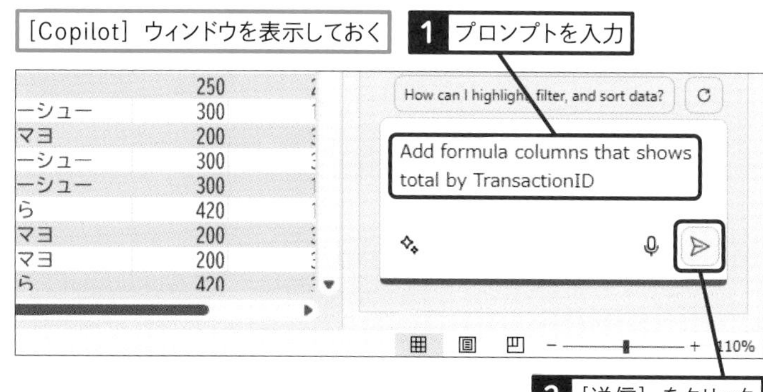

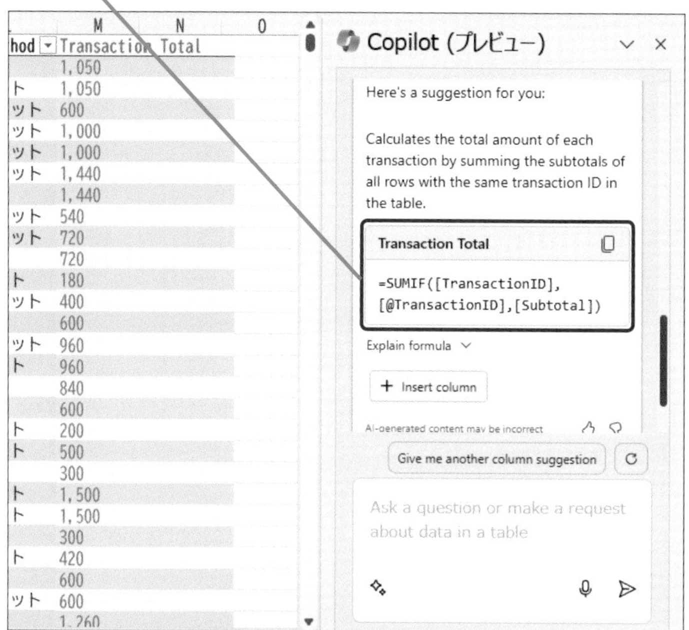

[TransactionID] 列の値を参照し、同じ取引IDのすべての小計が合計される列が追加された

Price	Amount	Subtota	Paymethod	Transaction Total
250	3	750	現金	1,050
300	1	300	デビット	1,050
300	2	600	クレジット	600
250	3	750	クレジット	1,000
250	1	250	クレジット	1,000
300	3	900	クレジット	1,440
180	3	540	現金	1,440
180	3	540	クレジット	540
180	3	540	クレジット	720
180	1	180	現金	720
180	1	180	デビット	180
200	2	400	クレジット	400
300	2	600	現金	600
180	2	360	クレジット	960
300	2	600	デビット	960
420	2	840	現金	840
200	3	600	現金	600

使いこなしのヒント

列名は正しく入力しよう

プロンプトで操作対象の列を指定するときは、列名を正しく記入する必要があります。一文字でも間違えたり、大文字小文字などが区別されていなかったりすると、回答が生成されません。間違えないように注意しましょう。

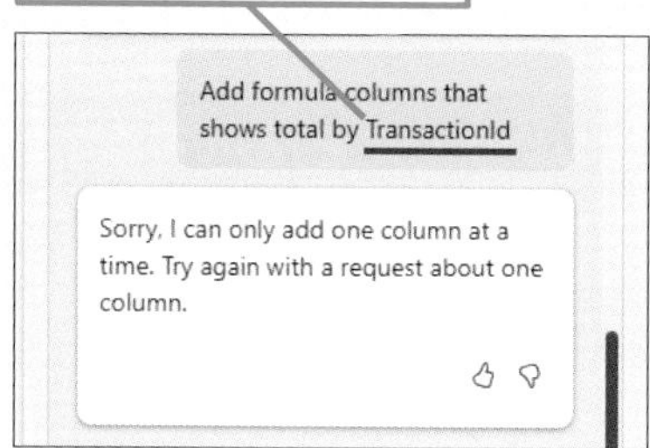

まとめ 関数を調べなくて済む

Excelを使いこなすには、関数についての知識が不可欠だと思っていませんか？ Copilotを利用すれば、こうした以前の常識から解放されます。どのデータをどうしたいのかという情報をプロンプトで指定すれば、そのための数式が提案され、自動的に表に反映することができます。もう、関数について調べたり、試行錯誤して時間を無駄にしたりすることがなくなるでしょう。

レッスン

61 Excelでデータ分析をする

YouTube動画で見る
詳細は2ページへ

データ分析

練習用ファイル　L061_プロンプト.txt　L061_データ分析.xlsx

Excelのデータをさまざまな視点から分析してみましょう。POSデータなどのように、時系列にデータが記録されているだけの表から、商品ごとの売り上げ数を分析したり、年齢層ごとにどのアイテムが人気なのかを分析したりできます。

キーワード

欲しいデータを指示するだけでグラフやテーブルが自動作成される

Before

年齢層が分類された列があるため、年齢層別に集計できる

商品の販売数や商品単価があるため、商品ごとの売り上げが集計できる

	A	B	C	D	E	F	G	H	I	J	K	L
1	ID	Transac	DateTime	Dayofwe	Shop	Gender	AgeGrou	Item	Price	Amount	Subtota	Paymethod
2	1	1	2023/7/24 7:00	Monday	新宿店	男性	高齢者	高菜	250	3	750	現金
3	2	1	2023/7/24 7:00	Monday	新宿店	男性	高齢者	チャーシュー	300	1	300	デビット
4	3	2	2023/7/24 7:00	Monday	新宿店	男性	若者	チャーシュー	300	2	600	クレジッ
5	4	3	2023/7/24 7:00	Monday	新宿店	男性	中高年	高菜	250	3	750	クレジッ
6	5	3	2023/7/24 7:00	Monday	新宿店	男性	中高年	高菜	250	1	250	クレジッ
7	6	4	2023/7/24 7:00	Monday	新宿店	男性	高齢者	チャーシュー	300	3	900	クレジッ
8	7	4	2023/7/24 7:00	Monday	新宿店	男性	高齢者	こんぶ	180	3	540	現金
9	8	5	2023/7/24 7:00	Monday	新宿店	女性	若者	こんぶ	180	3	540	クレジッ
10	9	6	2023/7/24 7:00	Monday	新宿店	男性	高齢者	こんぶ	180	3	540	クレジッ
11	10	6	2023/7/24 7:00	Monday	新宿店	男性	高齢者	こんぶ	180	1	180	現金
12	11	7	2023/7/24 7:00	Monday	新宿店	男性	中高年	こんぶ	180	1	180	デビット
13	12	8	2023/7/24 7:00	Monday	新宿店	男性	若者	ツナマヨ	200	2	400	クレジッ
14	13	9	2023/7/24 7:00	Monday	新宿店	男性	子供	チャーシュー	300	2	600	現金

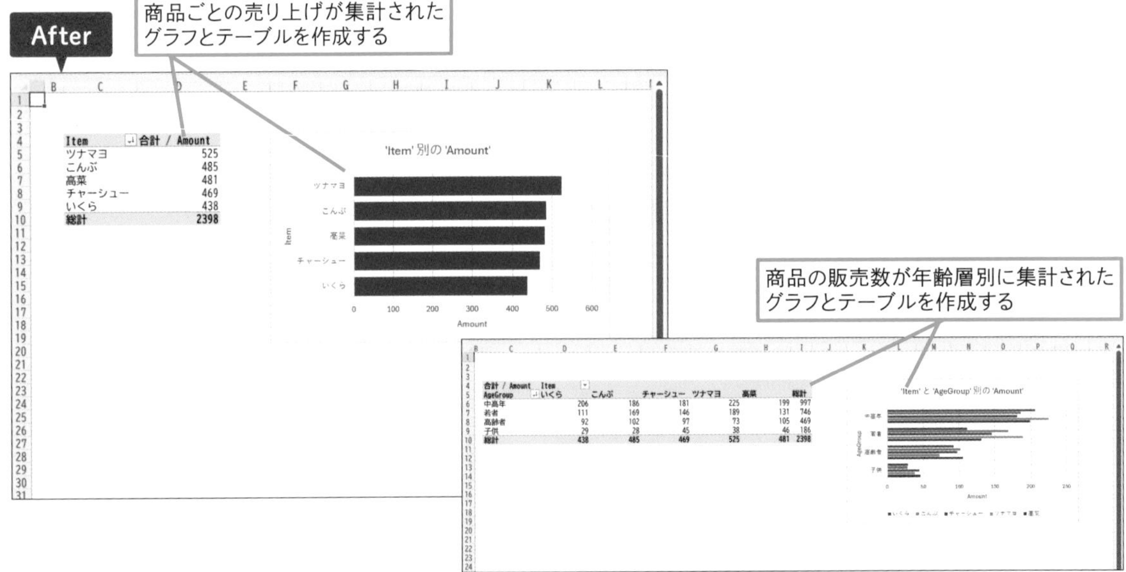

Item	合計 / Amount
ツナマヨ	525
こんぶ	485
高菜	481
チャーシュー	469
いくら	438
総計	**2398**

合計 / Amount	Item					
AgeGroup	いくら	こんぶ	チャーシュー	ツナマヨ	高菜	総計
中高年	206	186	181	225	199	997
若者	111	169	146	189	131	746
高齢者	92	102	97	73	105	469
子供	29	28	45	38	46	186
総計	**438**	**485**	**469**	**525**	**481**	**2398**

1 商品ごとの売り上げをグラフ化する

[Copilot] ウィンドウを表示しておく

1 プロンプトを入力

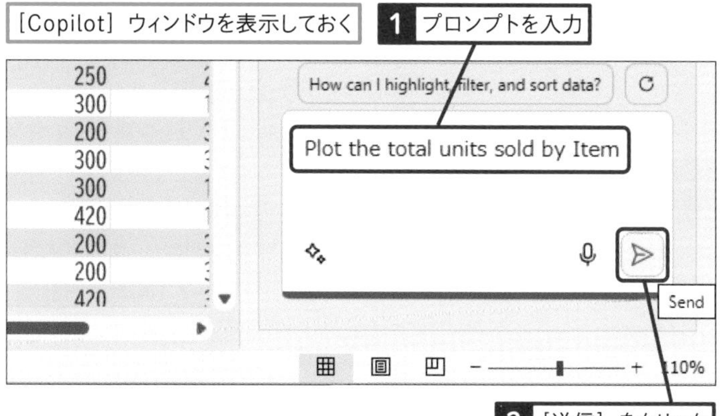

2 [送信] をクリック

グラフが提案された

3 スクロールバーをドラッグ

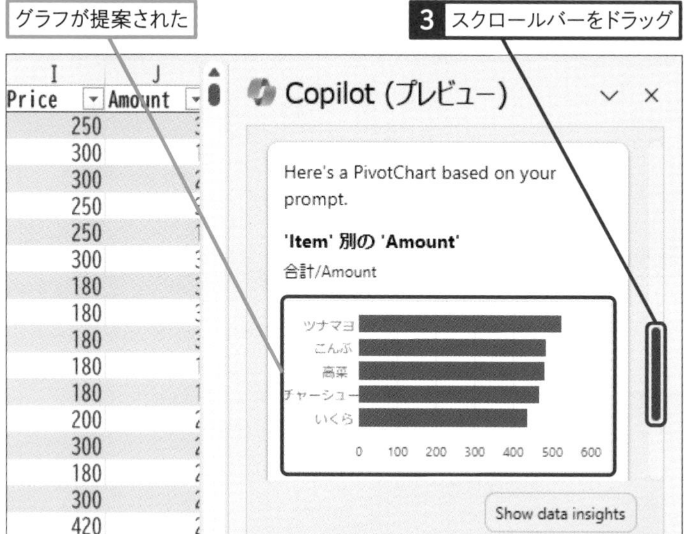

4 [Add to a new sheet] をクリック

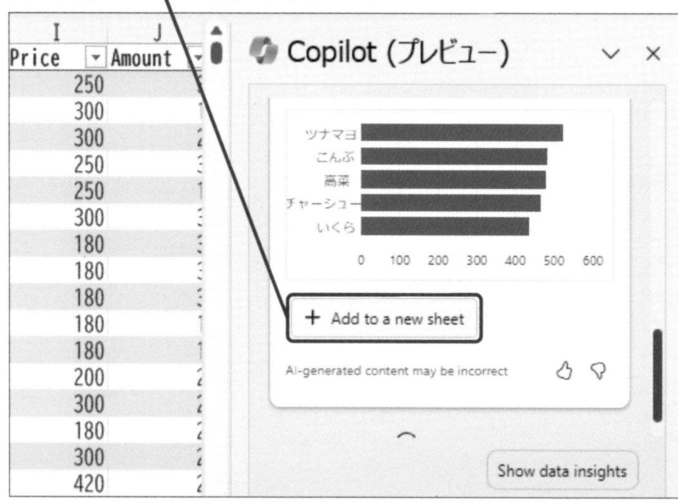

用語解説

ピボットテーブル

ピボットテーブルは、表計算ソフトに搭載されているデータ分析機能です。データを複数の項目で集計したり、項目ごとに並べ替えたりすることで、さまざまな切り口でデータの見方を変えることができます。例えば、このレッスンの例のように、年齢層ごとの人気のアイテムを知りたいときは、年齢層とアイテムという2つの切り口で販売数を集計することができます。

用語解説

ピボットグラフ

ピボットグラフはピボットテーブルを基に生成されたグラフです。通常のグラフと異なり、データを集計するためのフィールドを変更することで、さまざまな角度からデータを可視化できます。フィールドの設定については次ページの「使いこなしのヒント」を参照してください。

次のページに続く

●シートが追加される

新しいシートが作成された

商品ごとの売り上げ集計されたグラフとテーブルが作成された

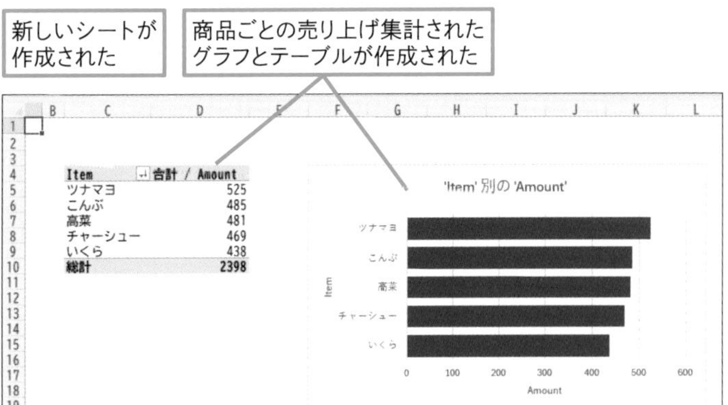

2 商品の販売数を年齢層別に集計する

［Copilot］ウィンドウを表示しておく

1 プロンプトを入力

2 ［送信］をクリック

グラフが提案された

3 スクロールバーをドラッグ

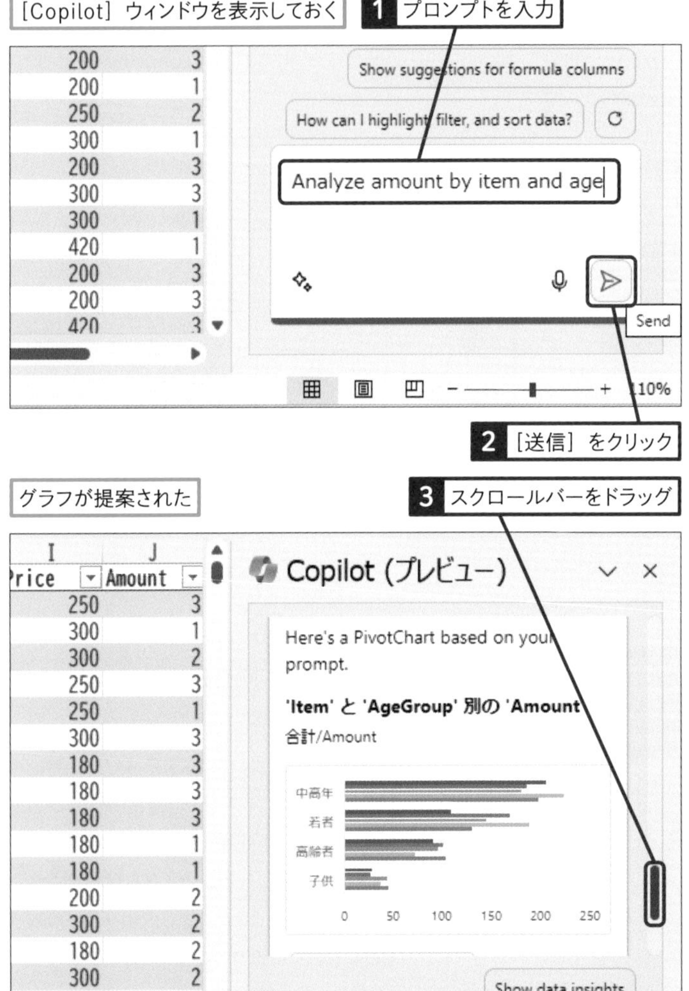

使いこなしのヒント

自動作成されるから その後の修正も簡単！

Copilotを利用すると、ピボットテーブルやピボットグラフの作り方を知らなくても、自動的に表やグラフを作成できます。一から作成しなくて済むだけでなく、クリックすることで参照するフィールドなども変更できるので、知りたい情報に応じて分析に使うフィールドを簡単に調整できます。

1 ピボットテーブル内のセルを選択

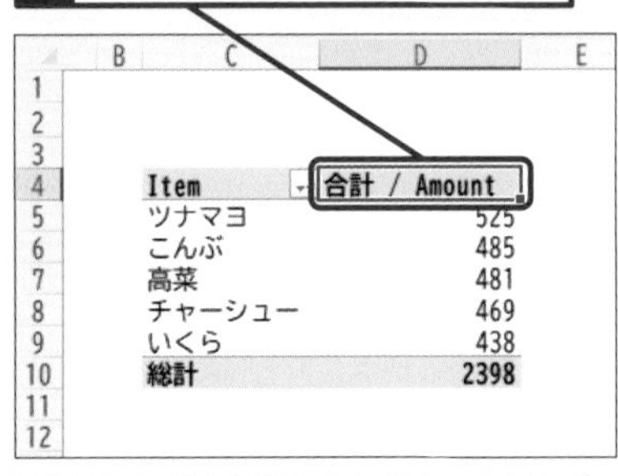

［ピボットテーブルのフィールド］作業ウィンドウが表示された

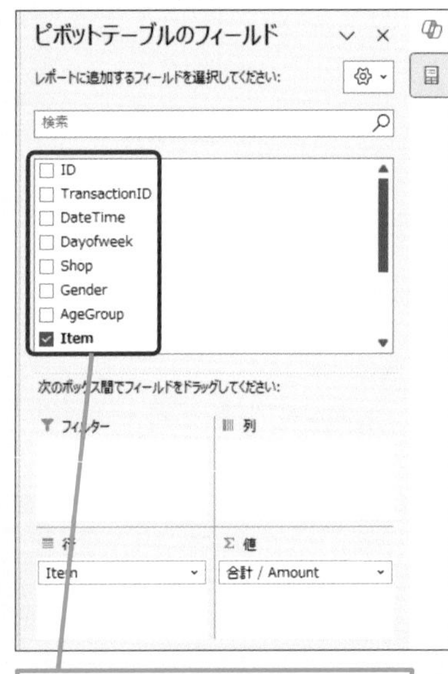

集計するフィールドを切り替えられる

活用編 第6章 「Copilot Pro」を使ってWordやExcelでAIを活用する

●新しいシートを追加する

4 ［Add to a new sheet］をクリック

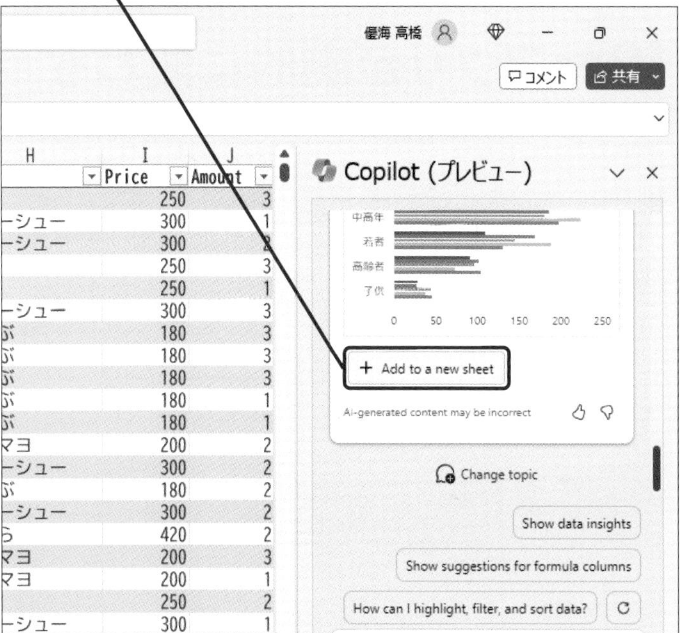

商品の販売数が年齢層別に集計されたグラフとテーブルが作成された

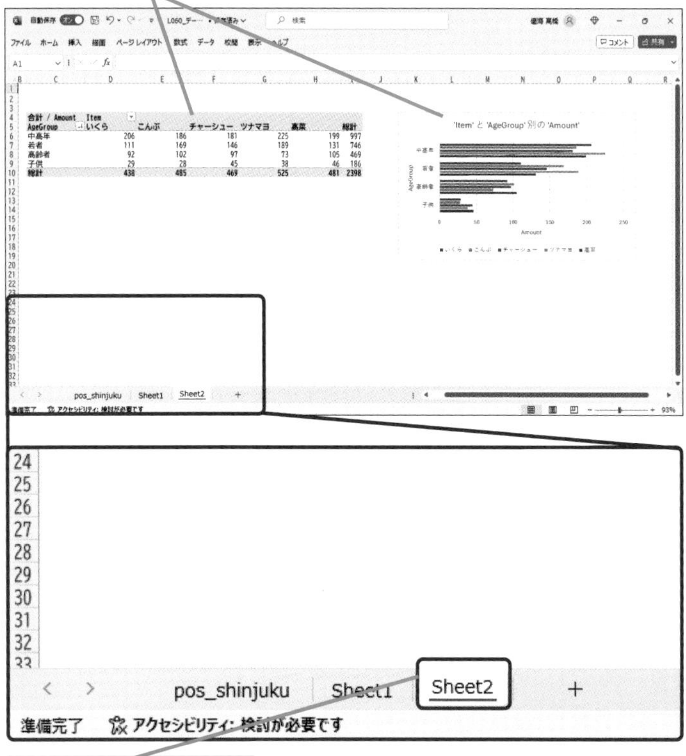

新しいシートが作成された

使いこなしのヒント

Copilotの回答からテーブルのシートに戻れる

Copilotでは、ピボットテーブルやピボットグラフを新しいシートに作成します。参照元のテーブルが記載されたシートに戻りたいときは、Copilotに表示された提案の［Go Back to table］をクリックすることで表示を切り替えられます。

1 ［Go back to table］をクリック

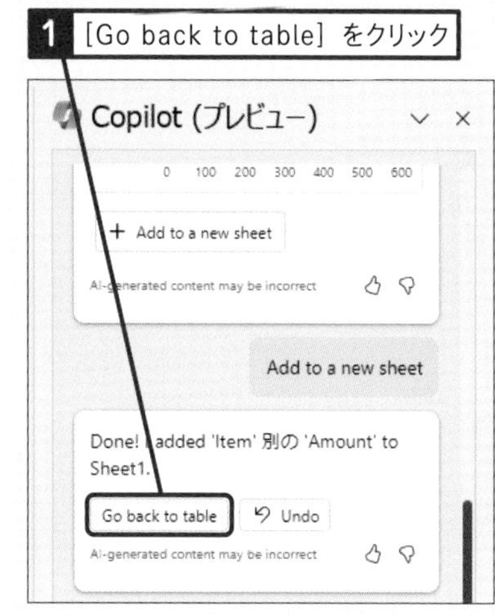

まとめ　データから知見を得る

手元にさまざまなデータがあっても、活用されずに眠っていませんか？　Copilotを活用すれば、このように今まで活用されていなかったデータから、さまざまな知見を得ることができます。何が売れているのか？　データにどのような傾向があるのか？　といった知見を得ることで、次のステップに活かすことができます。知りたいことをCopilotに依頼して分析してもらいましょう。

この章のまとめ

Copilot ProでOfficeアプリが劇的に変わる

Copilot Proは月額料金が掛かる有料プランですが、この章で紹介したようにさまざまなメリットがあります。特にMicrosoft 365 Personal/Familyと組み合わせることで利用できるOffice向けのCopilotは、文書や資料の作成、メール処理、アイデア出し、データ分析などを劇的に変化させる画期的な機能です。ゼロからイチを生み出す手助けとして利用したり、次のステップに進むアイデアや詳細を一緒に考えたり、Officeアプリの機能をフルに活用するために活用しましょう。生産性が向上するだけでなく、より創造的な仕事に役立つはずです。

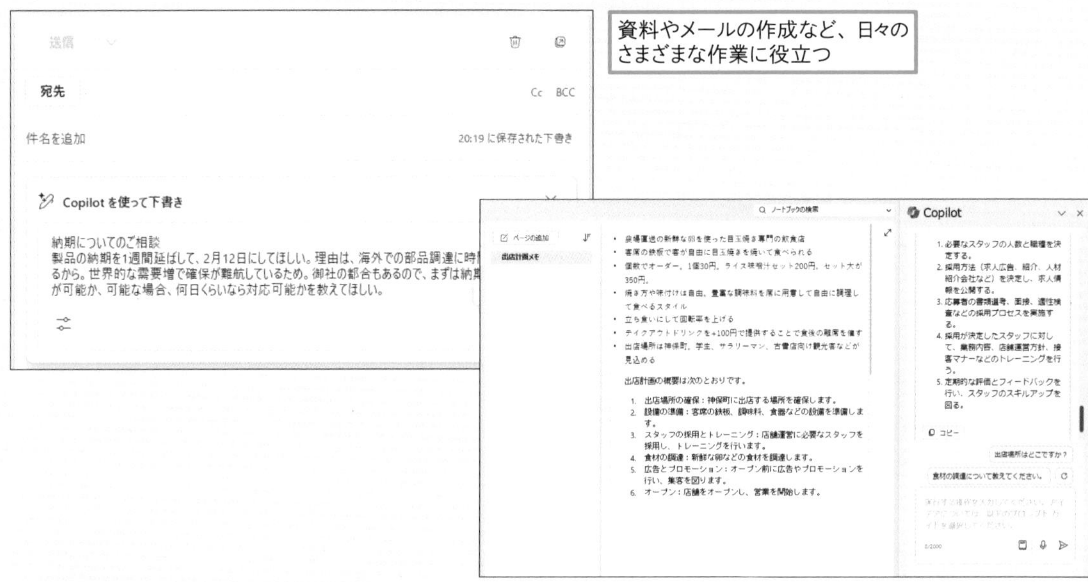

資料やメールの作成など、日々のさまざまな作業に役立つ

画面を切り替えることなく、仕事で使っているアプリ上でCopilotが使えるから効率的!

今はできることが限られているけど、今後はもっと機能が増えていきそうですね。

AIはどんどん進化するからね。Copilot ProはOfficeアプリで使えることが大きな強み、たくさん活用してその真価を感じてみてほしい!

用語集

AI（エーアイ）
Artificial Intelligenceの略で、人工知能のこと。自ら学習することで思考や認識、判断といった人間的な行動を実現できるコンピュータープログラム。

Bing（ビング）
Microsoftが提供している検索サービスのブランド名。通常のWeb検索に加えて、ChatGPTと同じモデルを使用した「Copilot」と呼ばれる対話型AIサービスも提供している。
→AI、Copilot、GPT、対話型AI

ChatGPT（チャットジーピーティー）
OpenAIが開発した対話型AIサービス。人間が会話するときと同じ自然言語で質問を入力すると、同じく自然言語を使ってAIが回答となる文章を自動的に生成することができる。
→AI、OpenAI、自然言語、対話型AI

Copilot（コパイロット）
Microsoftが提供するAIサービスの名称。大規模言語モデル（LLM）を利用したAIによって、コンピューターのさまざまな操作を支援する機能。Copilot in WindowsやCopilot in Wordなど製品ごとに最適化された機能として提供される。
→AI

Copilot Pro（コパイロットプロ）
Microsoftが提供するAIサービス「Copilot」の有料版プラン。最新のAIモデルに優先的にアクセスしたり、より多くの画像を生成したりできる。また、個人向けのMicrosoft 365 Personal/Familyと組み合わせることで、WordやOutlookなどのOfficeアプリでもCopilotの機能を利用できる。
→AI、Copilot

DALL・E（ダリ）
OpenAIが開発した画像生成AIモデル。画像の要素やスタイルなどを自然言語で入力することで画像を出力できる。2023年に最新のDALL・E3がリリースされた。
→AI、OpenAI、自然言語

Google Colaboratory（グーグルコラボラトリー）
Googleが提供しているWebサービスの1つ。開発言語であるPythonの編集や実行環境がWebサービスとして提供されており、ブラウザーのみでPythonの開発や実行が可能。
→Python

GPT（ジーピーティー）
Generative Pre-Trained Transformerの略。OpenAIが開発した高度な自然言語モデルのシリーズ名。トランスフォーマーと呼ばれる深層学習モデルを使って事前学習した自然言語生成モデルのこと。GPT-3.5やGPT-4などとバージョン名を付けて呼ばれる。
→AI、GPT、OpenAI、自然言語

Image Creator（イメージクリエイター）
自然言語による入力から画像を生成できるMicrosoftの生成系AIサービス。画像の要素やタッチなどを指定することで、AIが自動的にイラストや写真のような画像を生成してくれる。
→AI、自然言語、生成系AI

JSON形式（ジェイソンケイシキ）
JavaScript Object Notationの略。システム間でデータをやり取りするのに適したテキスト形式の記述言語。データをキーと値のペアで記述する。

Markdown形式（マークダウンケイシキ）
Webページを記述するためのHTMLを簡略化して記述するための記法。文章の見出しを「#」「##」などで表したり、項目を「-」「・」などで表したりと、記号で文書の構造や体裁を表現できる。

Microsoft Edge（マイクロソフトエッジ）
Webページを表示するためのアプリ。Windowsの標準ブラウザーとして設定されている。Copilotの機能が組み込まれており、インターネット検索を組み合わせた質問や表示しているWebページ/PDFファイルなどについての質問ができる。
→Copilot

OpenAI（オープンエーアイ）
人工知能の開発を行っているアメリカの企業。大規模自然言語モデルのGPTシリーズやそのモデルを使ったWebサービスのChatGPT、画像生成AIのDALL・Eなどを提供している。
→ChatGPT、DALL・E、GPT、画像生成AI、言語モデル、自然言語

Python（パイソン）
コンピュータープログラミング言語の一種。Webアプリケーション開発などでも使われるが、データ分析や機械学習の分野で人気がある。

画像生成AI（ガゾウセイセイエーアイ）
入力されたテキストから画像を出力することができる生成AI。出力したいモデル、構図、タッチなどをテキストで指示することで、それに近い画像が生成される。
→AI

画像認識
写真やイラストなどの画像が何を表現しているかを判断し、あらかじめ学習した方法で分類する技術のこと。

言語モデル
AIの中でも自然言語を扱うことに特化したモデルのこと。文章を生成したり、入力された文章から指示を読み取ったりすることができる。
→AI、自然言語

自然言語
人間が普段会話をしたり、文章を読み書きしたりするときに利用している日常的な言語のこと。

生成系AI
言語や画像、映像、楽曲などを生成できるシステムのこと。自然言語でリクエストすることで、それに合った出力結果を得ることができる。質問に対して言語で回答するCopilot、詳細を述べた言語から画像を生成するImage Creatorなどがある。
→Copilot、Image Creator、自然言語

対話型AI
人間が会話するときと同じように自然言語を使って会話することができるAI。CopilotやChatGPTも対話型AIの1つ。
→AI、ChatGPT、GPT、Copilot、自然言語

著作権
文章や画像、楽曲など、創作者が自らの作品に対して主張できる権利のこと。作品の用途を限定したり、似通った作品の存在を許可しないように主張したりできる。

プロンプト
生成AIに入力する情報のこと。AIに実行してほしい指示に加え、その前提となる情報や理由、例などの情報も含めることがある。
→AI

プロンプトエンジニアリング
Copilotなどの言語モデルから、意図した回答を引き出すための質問テクニックのこと。指示を明確にしたり、例を与えたり、思考の過程を明らかにするなど、さまざまな手法がある。
→Copilot、言語モデル

マルチモーダル
複数の種類（モーダル）の情報を入力できる生成AIモデル。文字だけでなく、画像、音声、動画などを入力し、その組み合わせによってさまざまな処理ができる。
→AI

索引

アルファベット

■著者
清水理史（しみず　まさし）
1971年東京都出身のフリーライター。雑誌やWeb媒体を中心にOSやネットワーク、ブロードバンド関連の記事を数多く執筆。「INTERNET Watch」にて「イニシャルB」を連載中。主な著書に『自分専用AIを作ろう！カスタムChatGPT活用入門』『できるChatGPT』、『できるWindows 11 2024年 改訂3版 Copilot対応』『できるWindows 11 パーフェクトブック困った！&便利ワザ大全 2023年 改訂2版』『できるChromebook 新しいGoogleのパソコンを使いこなす本』（共著）などがある。

STAFF

シリーズロゴデザイン	山岡デザイン事務所<yamaoka@mail.yama.co.jp>
カバー・本文デザイン	伊藤忠インタラクティブ株式会社
カバーイラスト	こつじゆい
本文イラスト	ケン・サイトー
DTP制作	町田有美
校正	株式会社トップスタジオ
デザイン制作室	今津幸弘<imazu@impress.co.jp>
	鈴木　薫<suzu-kao@impress.co.jp>
制作担当デスク	柏倉真理子<kasiwa-m@impress.co.jp>
制作・編集協力	株式会社トップスタジオ
編集	高橋優海<takah-y@impress.co.jp>
編集長	藤原泰之<fujiwara@impress.co.jp>
オリジナルコンセプト	山下憲治

■商品に関する問い合わせ先

このたびは弊社商品をご購入いただきありがとうございます。本書の内容などに関するお問い合わせは、下記のURLまたは二次元バーコードにある問い合わせフォームからお送りください。

https://book.impress.co.jp/info/

上記フォームがご利用いただけない場合のメールでの問い合わせ先

info@impress.co.jp

※お問い合わせの際は、書名、ISBN、お名前、お電話番号、メールアドレス に加えて、「該当するページ」と「具体的なご質問内容」「お使いの動作環境」を必ずご明記ください。なお、本書の範囲を超えるご質問にはお答えできないのでご了承ください。

- ●電話やFAXでのご質問には対応しておりません。また、封書でのお問い合わせは回答までに日数をいただく場合があります。あらかじめご了承ください。
- ●インプレスブックスの本書情報ページ https://book.impress.co.jp/books/1123101137 では、本書のサポート情報や正誤表・訂正情報などを提供しています。あわせてご確認ください。
- ●本書の奥付に記載されている初版発行日から1年が経過した場合、もしくは本書で紹介している製品やサービスについて提供会社によるサポートが終了した場合はご質問にお答えできない場合があります。

■落丁・乱丁本などの問い合わせ先

FAX　03-6837-5023

service@impress.co.jp

※古書店で購入された商品はお取り替えできません。

できるCopilot in Windows（コパイロット イン ウィンドウズ）

2024年4月1日　初版発行

著　者　清水理史（しみずまさし）&（アンド）できるシリーズ編集部（へんしゅうぶ）

発行人　高橋隆志

発行所　株式会社インプレス
〒101-0051　東京都千代田区神田神保町一丁目105番地
ホームページ　https://book.impress.co.jp/

印刷所　株式会社広済堂ネクスト

ISBN978-4-295-01884-1 C3055

Printed in Japan